Insektenhotels

Für Balkon, Terrasse und Kleingarten

AF203021

Werner Stingl

Insektenhotels

Für Balkon, Terrasse und Kleingarten

HANS-NIETSCH-VERLAG

Redaktion: Martina Klose, Freiburg
Lektorat: Ute Orth, Freiburg
Korrektorat: Petra Westermann

Layout: Kurt Liebig
Zeichnungen: Evgenia Balchinova
Umschlaggestaltung: Rosi Weiss, unter Verwendung der Layout-Vorlage
zur Buchreihe von Kathrin Steigerwald, Hamburg
Coverfoto: FooTToo/iStock
Druck: FINIDR, s.r.o., Český Těšín/Tschechien

Hans-Nietsch-Verlag
Schauinslandstr. 136 h
79100 Freiburg

www.nietsch.de
info@nietsch.de

ISBN 978-3-86264-709-5

Inhalt

Vorwort

Insekten- beziehungsweise Bienenhotels sind derzeit groß in Mode. Im Frühjahr 2017 wurden die Unterkünfte für unsere sechsbeinigen Freunde – oder die, die es werden sollen – nicht wie üblich nur in Gartencentern, sondern in nahezu jedem Drogeriemarkt und selbst in 1-Euro-Läden angeboten. Im Internet herrschte Hochkonjunktur an bezugsfertigen Nisthilfen für Bienen und andere Insekten, die sogar als Bausatz für Kinder angeboten wurden, sowie an kostspieligeren Insektenresidenzen aus individueller handwerklicher Produktion.

Modetrends kommen und gehen. Und es wäre aus vielen Gründen schade, wenn Insektenhotels schon bald wieder in Vergessenheit gerieten und wir wie in früheren Zeiten eher an eine Fliegenklatsche statt an eine geeignete Unterkunft dächten, sobald eine kleine Wildbiene oder gar eine Wespe naht.

Mit diesem Buch möchte ich dazu beitragen, die Begeisterung für Insektenhotels und ihre vielfältigen Bewohner neu zu entfachen. Mit einer künstlichen Behausung, die zudem nur für einen kleinen Teil unserer Insekten infrage kommt, können wir zwar noch nicht deren zunehmend bedrohte Existenz retten, doch wer über Insektenhotels einen Zugang zu diesem den meisten Menschen verborgenen Miniaturkosmos gewinnt, sieht schon bald nicht nur Insekten und andere Kleinlebewesen mit anderen Augen, sondern interessiert sich insgesamt mehr für die Belange der in Not geratenen Natur.

Jedoch auch ohne diesen weitgehenden Anspruch sind Insektenhotels für alle, die sich eines kaufen beziehungsweise bauen wollen oder schenken lassen, eine lohnende Sache.

Das wird jeder bestätigen, der dem geschäftigen Treiben der kleinen Sechsbeiner vor einem solchen Quartier schon einmal an einem warmen Frühlingstag von seinem Liegestuhl aus zugeschaut hat. Es ist spannend und entspannend zugleich, vielleicht ein bisschen wie der Blick in ein Aquarium. Während allerdings ein Aquarium kontinuierlich viel Pflege braucht, kann das richtig aufgestellte Insektenhotel weitgehend sich selbst überlassen bleiben.

Um eine Sorge vorwegzunehmen: Mit einem Insektenhotel holen Sie sich keine Schadinsekten oder lästigen Quälgeister in Ihre Nähe. Küchenschaben, Stechmücken & Co. bevorzugen andere Domizile. Im Gegenteil: Insektenhotels werden vorrangig von Wildbienen und anderen Nützlingen angenommen. Wer jetzt bei Bienen zuerst an ihren schmerzhaften Stachel denkt, sorgt sich ebenfalls unnötig, denn fast alle Wildbienenarten sind sehr aggressionsarm, und bei den meisten Arten wäre der Stachel nicht einmal stabil genug, um menschliche Haut zu durchdringen.

Es gibt also kaum einen Grund, nicht Insektenhotelier zu werden. Steigen Sie ein und lassen Sie sich von dem damit verbundenen Naturschauspiel unterhalten. Mit dem Kauf dieses Buches haben Sie den ersten Schritt gemacht. Für den zweiten genügt schon ein Stück Brennholz. Und vielleicht können Sie ja auch Ihre Kinder oder Enkel dafür begeistern, mitzubauen und zu beobachten. Aber gestatten Sie mir zuerst einen kleinen Ausflug in die bedrohte Welt der Insekten.

Werner Stingl
im Herbst 2017

Bienen & Co. in Gefahr!

Es war ein heißer Julitag vor fast einem halben Jahrhundert. Die Grundschule hieß damals noch „Volksschule" und der Lehrer verkündete „Hitzefrei!", wobei er uns aber eine kleine Aufgabe mit auf den Heimweg gab: „Legt euch doch mal für ein paar Minuten in eine Wiese und lauscht, bevor ihr ins Freibad stürmt. Wenn das Konzert der Grillen und Heuschrecken für einen kurzen Moment pausiert, könnt ihr das Kauen der Insekten hören." Wahrscheinlich war ich einer der wenigen, die seinem Vorschlag Folge leisteten. Ich ging ein paar Meter in eine nahe gelegene Wiese, wobei ich mit jedem Schritt unzählige Heuschrecken aufscheuchte, legte mich hin und lauschte. Zuerst hörte ich nur ein ständiges Brummen, Summen und Zirpen. Dazwischen war, zwar deutlich leiser, aber dennoch unüberhörbar, ein dezentes Raspeln und Schaben zu vernehmen. Tatsächlich, man konnte es hören: das Kauen der Insekten!

Verstummte Wiesen

Als ich mich letzten Sommer an dieses Erlebnis erinnerte und es wiederholen wollte, war alles ganz anders. Die Wiese meiner Kindheit war schon lange zugebaut, und so musste ich erst einige Kilometer radeln, bis ich einen passenden Ersatz fand. Beim Betreten der Wiese brauchte es viele Schritte, um einer springenden Heuschrecke zu begegnen. Da war kaum ein Brummen, Summen oder Zirpen zu hören. Und als ich mich in die Wiese legte, um dem Kauen der Insekten zu lauschen, war nichts davon zu vernehmen. Sollte mich ein unbemerkt altersschwach gewordenes Gehör zu falschen Rückschlüssen verleiten? Um dies auszuschließen, bat ich meine noch schulpflichtigen Kinder um Unterstützung. Aber auch die lauschten vergebens. Offensichtlich gibt es inzwischen zu wenige Insekten, um ihre Mahlzeit zu einem für Menschen hörbaren akustischen Ereignis anschwellen zu lassen.

Autoscheiben früher und heute

Wer seinen Führerschein schon 35 Jahre oder länger besitzt, wird sich noch an die mit zermatschten Insekten manchmal nahezu komplett zugekleisterten Windschutzscheiben oder Motorradhelmvisiere nach einer sommerlichen Fahrt erinnern. Heutzutage trübt in unseren Gefilden kaum noch eine Insektenleiche die freie Sicht. Und das liegt nicht an dem besseren Strömungswiderstandskoeffizienten moderner Autos, sondern schlichtweg daran, dass heute weitaus weniger Insekten durch die Luft schwirren als noch vor wenigen Jahrzehnten. Auch wenn so mancher akut Mückenstichgeplagter hier zum Widerspruch geneigt sein mag, ist der vom Autor dieser Zeilen beobachtete Insektenschwund inzwischen wissenschaftlich belegt.

Immer weniger Fluginsekten

Laut einer Pressemitteilung des *Naturschutzbundes Deutschland* (NABU) vom 18. Oktober 2017 ist hierzulande an ausgesuchten Kontrollstandorten allein in den letzten 27 Jahren „die Biomasse an Fluginsekten um mehr als 75 Prozent zurückgegangen" (siehe „Literaturempfehlungen und Links", Seite 137 ff.). Zahlreiche ehrenamtliche Entomologen haben zwischen 1989 und 2016 an mehr als 60 Standorten wissenschaftliche Daten gesammelt. Vom Entomologische Verein Krefeld entwickelte standardisierte Insektenfallen können mehr als 90 Prozent der Fluginsekten in Deutschland nachweisen. Diese wurden während der gesamten Vegetationsperiode an Standorten in Nordrhein-Westfalen, Rheinland Pfalz und Brandenburg aufgestellt. Das Ergebnis ist erschreckend: Die ermittelten Biomasseverluste betragen für die Sommerperiode durchschnittlich 81,6 Prozent (Die Insektenbiomasse ist in diesen Monaten naturgegeben am höchsten!), für die Anschlussperioden 76,7 Prozent. Dies betrifft nicht nur seltene Arten, sondern die gesamte Insektenwelt.

Als hauptverantwortlich für den dramatischen Insektenrückgang der letzten Jahre und Jahrzehnte wird vor allem die immer intensivere Nutzung von Insektiziden in der Landwirtschaft gemacht. Der zunehmende Einsatz hocheffektiver Pflanzenschutzmittel wie insbesondere der sogenannten Neonicotinoide (siehe „Literaturempfehlungen und Links", Seite 137 ff.) dezimiert nicht nur die anvisierten Schädlinge, sondern bedroht als Kollateralschaden auch viele andere Insekten, darunter viele Nutzinsekten wie Honig- und Wildbienen. Zwischen herbizidbesprühten, flurbereinigten Äckern und Wiesen ist zudem kaum noch Platz für Brachland und Wildblumen. Vielen darauf spezialisierten Insekten wird damit die Nahrungsgrundlage entzogen. Halb morsche und marode Bäume werden zur Verkehrssicherung oder im Interesse einer sterilen Forstwirtschaft zu selten geduldet, wodurch zahlreiche Insektenarten ihrer Brutstätten beraubt werden.

Info

Bienensterben

Hauptverantwortlich für das Bienensterben, das so manchen Imker an den Rand des wirtschaftlichen Ruins bringt und die Bestäubung von großen Obstplantagen gefährden könnte, ist die *Varroa*-Milbe. Dieser zu den Spinnentieren zählende winzige Parasit wurde vermutlich in den 1970er-Jahren über den Bienenhandel (besonders durch den Versand von Bienenvölkern und -königinnen) aus seiner ostasiatischen Heimat nach Deutschland eingeschleppt. Er befällt Honigbienen und ihre Larven, schwächt seine Opfer und macht sie damit vor allem für virale Infektionen anfälliger. Allerdings mag auch der intensive Spritzmittelgebrauch Bienenvölker anfälliger für einen *Varroa*-Milbenbefall machen. Wildbienen sind wohl durch ihre solitäre Lebensweise, die keine Masseninfektionen wie im Bienenstock ermöglicht, weit weniger von der *Varroa*-Milbe bedroht.

Die ökologische Bilanz: Schon jetzt bedenklich!

Wer Insekten vor allem auf lästige Stechmücken, Schaben, Schmeißfliegen oder stachelbewehrte Zwetschgenkuchen-räuber reduziert, mag sich über deren Rückgang freuen. Aber nur, solange er die ökologische Gesamtrechnung nicht kennt. Denn ein unbestrittener Teil des Insektensterbens ist auch der Rückgang von blütenbestäubenden Insekten wie vor allem der Honig- und Wildbiene, aber auch von Hummeln und Schwebfliegen. Damit sind nicht nur unsere Obsterträge gefährdet, es kommen auch zahlreiche Wildpflanzen in Fortpflanzungsnot, was im Sinne eines Teufelskreises das Insektensterben weiter anfeuert. Denn viele Pflanzen sind zur Bestäubung auf ein ganz bestimmtes Insekt angewiesen und dieses braucht genau diese Pflanze als Futterpflanze. Mit dem Insekt verschwindet demnach auf lange Sicht auch die Pflanze und umgekehrt.

Doch selbst uns auf den ersten Blick schädlich vorkommende Insekten haben ein unterschätztes Nutzpotenzial. Zum einen sind sie Futter für Singvögel, Fische, Frösche, Eidechsen und andere Kriechtiere. Mit den bedrohten Insekten wird nachweislich auch dieser Teil unserer heimischen Fauna immer mehr dezimiert. Zum anderen bieten uns diese scheinbar lästigen Sechsbeiner womöglich einen Nutzen, den wir noch gar nicht kennen, weil wir nie darauf geachtet haben. So wäre es beispielsweise denkbar, dass Mückenstiche sich evolutionär als bewährtes Immunstimulans erweisen. Mückenstiche begleiten den Menschen, seit es ihn gibt, und es wäre ein unnatürlicher, nicht artgerechter Umstand, nicht mehr von Mücken gestochen zu werden. Wer sich das vor Augen

hält, kratzt sich am beziehungsweise nach dem nächsten Grill-
abend vielleicht ein bisschen weniger übel gelaunt als bisher.
In anderen Breiten, wo Stechmücken gefährliche Krankheiten
übertragen können, mag diesem Gedankenspiel zugegebe-
nermaßen eine andere Risiken-Nutzen-Relation zukommen.

Insektenhotels – eine neue Perspektive

Insektenhotels allein werden die bedrohten Insekten nicht
retten. Selbst dann nicht, wenn in jedem bundesdeutschen
Haushalt eine solche Herberge auf Balkon, Terrasse oder im
Kleingarten stehen würde. Denn wie bereits angedeutet, fehlt
es den Insekten nicht nur an geeignetem Wohnraum. Zudem
kommen die gängigen Insektenhotels nur für einen kleinen
Bruchteil aller Insekten infrage. Bewegen kann man mit ihnen
aber dennoch etwas, denn Insektenhotels und das um sie herum beobachtbare Treiben können Menschen, die sich bislang vielleicht wenig dafür interessiert haben, für Belange der
Natur und Ökologie sensibilisieren. Bei Gartenbesitzern
bleibt es dann vielleicht nicht bei einem Insektenhotel, es darf
dann doch irgendwo in einer versteckten Gartenecke ein
Holzstoß vor sich hinmodern, man verzichtet auf Spritzmittel
und statt englischem Rasen wird womöglich eine Wildblumenwiese bevorzugt. Und auch Balkone und Terrassen können Sie in wenigen Stunden in insektenfreundliche, blühende
Oasen verwandeln. Wird all das von möglichst vielen Menschen umgesetzt, wäre schon eine Menge passiert. Doch
auch ohne diesen Anspruch lohnt sich das Aufstellen eines Insektenhotels. Es macht Spaß und erfüllt uns schlichtweg mit
Freude.

Abenteuer „Insektenhotel"

Warum richten sich Menschen ein Aquarium ein? Oder ein Terrarium? Sie wollen ein Stück Natur im Wohnzimmer haben, wollen Naturschauspiele beobachten, die authentischer, überraschender, unberechenbarer und individueller sind als etwa ein Film über Fische, Echsen oder Amphibien, mit dem wir immer nur das gleiche, einmal Festgehaltene wieder abspielen können.

Ein besonntes Insektenhotel auf dem Balkon, der Terrasse oder an einer gut zugänglichen Stelle im Garten hat uns all die Vorzüge von Terrarien und Aquarien zu bieten – und einige weitere dazu. Sie können zwar durch die Gestaltung Ihres Hotels und die Wahl des Standortes mitentscheiden, welche Gäste es wann und wie besuchen. Da Sie die Bewohner im Normalfall aber nicht kaufen können oder wollen, sondern auf ihren freiwilligen Einzug warten müssen, sind immer spannende Überraschungen geboten. Dass Ihr an einem sonnigen Platz aufgestelltes und mit geeigneten Materialien gebautes Insektenhotel auf Dauer leer bleibt, müssen Sie zumeist nicht befürchten. Doch manchmal dauert es eben ein bisschen, bis sich die ersten Gäste einfinden. Und dann herrscht oft schneller Hochbetrieb, als Sie es sich während der Wartezeit vorstellen konnten, denn auf bereits eingezogene Gäste folgen weitere Artgenossen und auch so manches Insekt, das sich am Proviantlager oder gar an den Vormietern und deren Larven labt. Da gibt es durchaus den einen oder anderen Überwältigungs- und Abwehrkampf zu beobachten. Eingreifen brauchen und sollten Sie aber nicht.

Info

Der richtige Zeitpunkt für ein neues Hotel ...

Der beste Zeitpunkt, ein neues Insektenhotel zu eröffnen beziehungsweise aufzustellen oder aufzuhängen ist das zeitige Frühjahr, also Anfang März oder – um ganz auf der sicheren Seite zu sein – bereits Ende Februar. Denn sobald die ersten wärmeren Sonnenstrahlen die in fast einjähriger Dunkelhaft erwachsen gewordenen Mauerbienen aus ihrer Kinderstube locken, geht der große Run – oder besser Anflug! – auf geeignete neue Nistgelegenheiten los. Doch auch wer diese frühe Frist versäumt, hat gute Karten, dass sein später aufgestelltes Hotel irgendwann im Laufe des Sommers bezogen wird, dann allerdings nicht mehr so stürmisch wie im Frühjahr. Aber spätestens im nächsten Frühjahr sollte auch in Ihrem Insektenhotel Hochbetrieb herrschen.

Nachwuchs bringt Leben in Ihr Insektenhotel

So richtig was los ist in einem Insektenhotel und drum herum, wenn in den von Ihnen angebotenen Nistgelegenheiten die erste Generation schlüpft. Aus einem vorgebohrten Nistgang, in dem beispielsweise eine Mauerbiene im Frühjahr zehn provianthaltige Brutkammern mit je einem Ei angelegt hat, schlüpfen im nächsten Frühjahr bis zu zehn Mauerbienen, von denen jedes Weibchen sofort wieder eine Unterkunft für ihre Nachkommen braucht. Und solange Nisthöhlen in nächster Nähe zur Verfügung stehen, werden diese zuerst besetzt. Ihre Hotelgäste mehren sich also gewissermaßen exponentiell und schon im zweiten bis dritten Jahr sollten die meisten Nistgänge, die die richtige Größe für Mauerbienen haben, besetzt sein.

Damit sich aber nicht nur im Frühjahr, sondern auch das ganze Sommerhalbjahr über etwas rührt in Ihrem Insektenhotel, sollten Sie nicht nur für ein paar Mauerbienenarten Hotelraum zur Verfügung stellen. Bohrlöcher in verschiedenen Größen sowie aus unterschiedlichen Baumaterialien sorgen für verschiedene Bewohner mit jeweils anderen Brutzeiten. Größere Räume, etwa im Spitzgiebel eines Insektenhotels, bieten einigen kleinstaatigen Wespenarten oder so manchem Schmetterling eine geeignete Unterkunft. Unter „Dekorative Mehrfamilienhäuser" (Seite 42 ff.) erfahren Sie mehr über die unterschiedlichen Zimmer für Ihre jeweiligen Gäste.

Das Insektenhotel floriert auch ohne Sie!

Ein gegenüber Aquarien und Terrarien nicht zu unterschätzender Vorzug eines Insektenhotels ist, dass es keine Pflege braucht. Einmal installiert, kann es weitgehend sich selbst überlassen bleiben. Sie brauchen weder zu füttern noch auszumisten. Und wenn Sie in Urlaub fahren, muss niemand das Haus hüten. Das Hotel für Sechsbeiner läuft auch ohne Ihre Anwesenheit bestens. Und wenn Sie sich später anderen Interessen zuwenden sollten, können Sie Ihr Insektenhotel auch beliebig lange einfach links liegen lassen. Es entwickelt sich auch ohne Ihren Beistand ganz gut weiter. Sollten Sie früher oder später doch wieder Lust verspüren, das Treiben der Sechsbeiner zu verfolgen, sind Sie vielleicht sogar erfreut und überrascht darüber, was sich in Ihrer Abwesenheit alles getan hat.

Der geeignete Standort

Ob und wie gut ein Insektenhotel angenommen wird, hängt maßgeblich von der Wahl des Standortes ab. Die meisten potenziellen Bewohner mögen es sonnig, daher sollte die Vorderseite Ihres Insektenhotels nach Südosten, Süden oder Südwesten ausgerichtet sein. Ein windgeschütztes Plätzchen ist ein zusätzliches Plus und natürlich sollte auch nicht der Regen auf die Front peitschen. Die Höhe, in der Sie Ihr Hotel aufhängen beziehungsweise aufstellen, spielt für die Hauptgäste eher keine Rolle. Zu hoch sollten Sie es aber allein schon wegen Ihrer Sicht auf das bunte Treiben nicht platzieren. Und verankern Sie die künstliche Insektenresidenz gut, damit sie sich nicht wie ein Fähnchen im Wind dreht. Die eifrigen Sechsbeiner bekommen womöglich Orientierungsschwierigkeiten und finden den Eingang zu ihrem neuen Zuhause nicht so leicht. Also stellen Sie Ihr Insektenhotel am besten auf den Boden oder fixieren Sie es mit Schrauben oder einer stabilen Hängevorrichtung an einem Baumstamm, einer Wand oder einem Klettergerüst für Pflanzen.
Bleibt ein neues Insektenhotel aber ein ganzes Jahr ohne Besuch, könnte der Standort trotz guter Besonnung aus unerklärlichen Gründen – vielleicht kreuzen sich dort zwei Wasseradern ungünstig – der falsche sein und Sie sollten einen neuen ausprobieren.

Hotels verschiedener Kategorien

Als Insektenhotelier haben Sie die Wahl: Sie können mit einem einfachen Ho(s)tel einsteigen oder gleich eine geräumige Insektenresidenz anfertigen. Ganz gleich, ob Sie eine kleine Unterkunft für solitär lebende Wildbienen bauen wollen oder lieber ein großes Insektenhotel mit mehreren Zimmern, die in kleinen Gruppenverbänden lebenden Wespenarten und zahlreichen Sechsbeinern wie verschiedenen Käfern, Florfliegen, Marienkäfern oder Schmetterlingen Unterschlupf bieten, als zukünftiger Insektenhotelier brauchen Sie neben den verschiedenen, bei den einzelnen Bauanleitungen detailliert angegebenen Naturmaterialien und Werkzeugen ein paar nützliche Helfer:

Werkzeug, das Sie für den Bau Ihres Insektenhotels parat haben sollten
- Akkuschrauber oder Bohrmaschine
- Bohreraufsätze mit 2 bis 10 Millimetern Durchmesser
- Säge für Hart- und Weichholz
- scharfes Messer
- kleine Rundfeile
- Weichholz-Handbohrer

Ideale Bedingungen für die Sechsbeiner schaffen Sie mit gut durchlüfteten Zimmern, in denen weder Durchzug noch Staunässe herrscht. Verwenden Sie für den Bau des Grundrahmens nur stabiles, trockenes und auf lange Sicht möglichst wetterfestes Material. Ein gut gedecktes, wasserdichtes Dach schützt die zukünftigen Bewohner Ihres Insektenhotels zusätzlich vor Feuchtigkeit und damit auch die Brutzellen vor Schimmelbildung und Pilzbefall.

So legen Sie Brutröhren für Wild-
bienen und Wespen an

- Die Wildbienen- und Wespenarten brauchen ihrer Körpergröße entsprechend Nisthilfen in unterschiedlichen Größen, am besten solche, in die sie gerade noch hineinschlüpfen können. Danach sollten Sie den Durchmesser der einzelnen Bohrlöcher für die Brutzellen ausrichten beziehungsweise verschiedene Hohlstängel auswählen. Bohrlöcher zwischen 2 und 6 Millimetern werden recht schnell bezogen, während Löcher mit einem Durchmesser von mehr als 10 Zentimetern oft länger unbewohnt bleiben oder von anderen Insekten nur gelegentlich als nächtlicher Unterschlupf genutzt werden. Die für das Insektenhotel optimale Bohrlochgröße ist jeweils in der Bauanleitung angegeben.
- Lassen Sie mindestens einen Abstand von 1 bis 2 Zentimetern zwischen den einzelnen Bohrlöchern.
- Die Tiefe der Bohrlöcher spielt für die Sechsbeiner keine so große Rolle. Künstlich angelegte Brutzellen mit einer Tiefe von 8 und 10 Zentimetern werden gern angenommen. Wichtig ist, dass Ihre Bohrlöcher hinten geschlossen sind. Hohlstängel sollten also mit einem Knoten am hinteren Ende abschließen.
- Glätten Sie zum Schluss die Eingänge der Brutröhren mit einer kleinen Rundfeile.

Schmucke Einzelgängerresidenzen

Die verschiedenen Insektenhotels in diesem Kapitel haben eines gemein: Sie bieten zahlreichen solitär lebenden Wildbienen- und Wespenarten Unterschlupf und geeignete Nistmöglichkeiten. Die einzelnen Hotels kosten nicht viel und sind im Handumdrehen mit ein paar einfachen Naturmaterialien fertiggestellt. Von der Schilfhütte in der ausgedienten Obstkiste (Seite 39 f.) bis hin zum minimalistischen Bienenho(s)tel aus einem Stück Restholz (Seite 27 ff.) – hier finden Sie Ihr kleines Wunschhotel für Sechsbeiner.

Mit 5 Cent in fünf Minuten zum ersten Bienenho(s)tel

Für die kostengünstigste Variante eines Insektenhotels – oder in diesem Fall vielleicht besser „Insektenhostels" – genügt bereits ein größeres Stück Brennholz.

Das brauchen Sie:
- ⊙ ein großes Holzscheit
- ⊙ Blumendraht (Menge nach Bedarf)

Bohren Sie mit einem Akkuschrauber oder am besten gleich mit einer Bohrmaschine mit unterschiedlichen Bohrergrößen von 2 bis 10 Millimetern Durchmesser 20 bis 30 waagerechte und 5 bis 10 Zentimeter tiefe Löcher in die berindete Seite des Holzscheits. Beachten Sie dabei, dass die Bohrkanäle im Holz enden müssen, also nur auf der Vorderseite offen sein dürfen. Bohren Sie also nicht vollständig durch das Holz.

Das so bearbeitete Stück Brennholz fixieren Sie mit den Löchern nach vorn mithilfe von Blumendraht in Augenhöhe an einem Platz, der möglichst viele Stunden von der Sonne beschienen wird.

Tipps für Insektenhoteliers

Geeignete Stellen für Ihr Bienenhotel sind beispielsweise das Fallrohr einer Dachrinne, ein Blumenspalier
oder das Balkongeländer. Wenn Sie einen geeigneten
Platz gefunden haben, müssen Sie nur noch auf die
ersten Gäste warten. Das kann manchmal ganz schön
dauern, womöglich bis zum nächsten Frühjahr.
Die häufigsten und zugleich beliebtesten Bewohner
von Insektenhotels sind verschiedene Mauerbienenarten (siehe „Die Hotelgäste", Seite 90 ff.), die ihre Herberge bereits im zeitigen Frühjahr suchen und bezie-
hen. Was bis dahin nicht zur Verfügung steht, bleibt oft
bis zum nächsten Frühjahr verwaist. Sobald aber ein
Holzscheit angeflogen wird, sind in der Regel spätestens im zweiten Jahr alle Löcher besetzt. Pro besetztem
und dann fast ein Jahr lang verschlossenem Bohrloch
können Sie mit drei bis zehn Nachwuchsbienen rechnen, die dann im nächsten Frühjahr ihrerseits Nisthöhlen in der näheren Umgebung suchen.
Ein bereits bewohntes Brennholzscheit ist beste Start-
bedingung für ein in unmittelbarer Nähe platziertes
Bienenhotel. Sie müssen die neue Unterkunft nur früh
genug anbringen, also bevor die ersten warmen Früh-
lingssonnenstrahlen die jungen Mauerbienen in Ihrem
Holzscheit aus dem Winterschlaf locken und zur eigenen Brut anregen.

Andere Test-, Einsteiger- und Startermodelle – (fast) zum Nulltarif

Statt mit einem angebohrten Brennholzscheit können Sie natürlich auch etwas eleganter und dennoch einfach sowie weitgehend kostenfrei als Insektenhotelier starten. Ihrer Fantasie sind hier kaum Grenzen gesetzt. Was Sie für einen erfolgreichen Start brauchen, erfahren Sie nun.

Der halbierte Stamm

Wenn Sie im Stadtpark, auf einem Friedhof oder im nahe gelegenen Wald an Plätzen vorbeikommen, an denen Holz- oder Verkehrssicherungsarbeiten im Gange sind, finden Sie mit Sicherheit Holzreste, die sich im Handumdrehen in ein einfaches Insektenhotel umfunktionieren lassen.

Das brauchen Sie:
- einen Stamm oder dicken Ast mit glatter Rinde von 20 bis 30 Zentimetern Durchmesser
- Grünholz- oder Astsäge
- 2 Schrauben oder Schraubösen
- Schnur oder Blumendraht (Menge nach Bedarf)

Sägen Sie von dem Stamm oder Ast ein ungefähr 30 Zentimeter langes Stück ab. Mit einer Grünholz-oder Astsäge geht das schneller, als Sie denken, und darum gebeten, hilft Ihnen dabei in Sekundenschnelle auch einer der Waldarbeiter mit einer Motorsäge. Der Länge nach gespalten, haben Sie bereits die Grundelemente für zwei attraktive Insektenbaumhäuser. Bohren Sie mit dem Elektrobohrer von der Rindenseite her möglichst viele tiefe waagerechte Löcher in den Stamm. Diese sollten unterschiedlich groß sein und jeweils einen Durchmesser von 2 bis 10 Millimetern haben. Bohren Sie aber nicht so tief in das Holz, dass die Löcher die Rückseite durchstoßen. Brutröhren für Insekten müssen stets Sackgassen sein, die nur an einem Ende offen sind.

Befestigen Sie die Schrauben oder Schraubösen an den oberen Ecken, an denen Sie die Schnur oder den Blumendraht zum Aufhängen fixieren. Jetzt müssen Sie nur noch einen Nagel in die Wand schlagen oder eine Schraube (mit Dübel) in der Wand befestigen und den Halbstamm daran hängen. Hat Ihre Hauswand eine Wärmeschutzisolierung, dürfen Sie natürlich weder einen Nagel hineinschlagen noch ein Loch bohren! In diesem Fall müssen Sie sich einen anderen geeigneten Standort suchen.

Tipp für Insektenhoteliers

Es bleibt ganz Ihnen und Ihrem Geschmack überlassen, ob Sie die Bohrlöcher ungeordnet, in Form einer Wendelschnecke oder verschiedenartiger Ornamente setzen. Den zukünftigen Gästen Ihres Hotels ist das gleichgültig. Für sie zählt allein die Funktion, nicht die Optik.

Sie mögen keine halben Sachen?

Anstatt eines der Länge nach halbierten Stückes von einem Baumstamm oder -ast können Sie natürlich auch ein ganzes aufhängen. Findet sich keine geeignete Wand, dürfen Sie einen solchen Stamm auch auf den Boden stellen. Aber dabei muss die Sonne direkt auf die offenen Löcher scheinen – und, wie bereits beschrieben, legen Sie die Bohrkanäle wieder so an, dass diese hinten geschlossen sind.

Die Baumscheibe

Attraktive, aber dennoch ganz einfache Insektenherbergen lassen sich auch aus einer dicken Baumscheibe anfertigen. Der Durchmesser ist dabei variabel. Nach geeigneten Baumscheiben können Sie überall fragen, wo Baumpflege- und Baumfällarbeiten durchgeführt werden. Mit 1 oder 2 Euro für die Kaffeekasse lässt sich nahezu jeder Baumpfleger bestechen, um Ihnen mit der Motorsäge geeignete Stücke zurechtzuschneiden.

Das brauchen Sie:

⊙ eine Baumscheibe, 10 bis 12 Zentimeter dick
⊙ 2 Schrauben oder Schraubösen
⊙ Schnur oder Blumendraht (Menge nach Bedarf)

Legen Sie hinten geschlossene Bohrlöcher mit unterschiedlichem Durchmesser als Gangnisthilfen an. Da von der Stirnseite aus eingebrachte Bohrlöcher rissfreudiger sind als rindenseitige und Bohrlöcher mit Riss angeblich von den Insekten schlechter angenommen werden, raten manche

Fachmänner und -frauen von stirnseitig eingebrachten Löchern ab. Darüber kann man jedoch streiten. Da solche Baumscheiben ebenso attraktiv wie einfach herzustellen sind, sollten sie immer einen Versuch wert sein.

An der mit Bohrlöchern versehenen Baumscheibe bringen Sie anschließend wieder, wie schon beim halbierten Stamm beschrieben, eine Aufhängevorrichtung an. Dafür an den Seiten der Baumscheibe die Schrauben oder Schraubösen befestigen, und daran zum Aufhängen ein Stück Schnur oder Blumendraht anbringen.

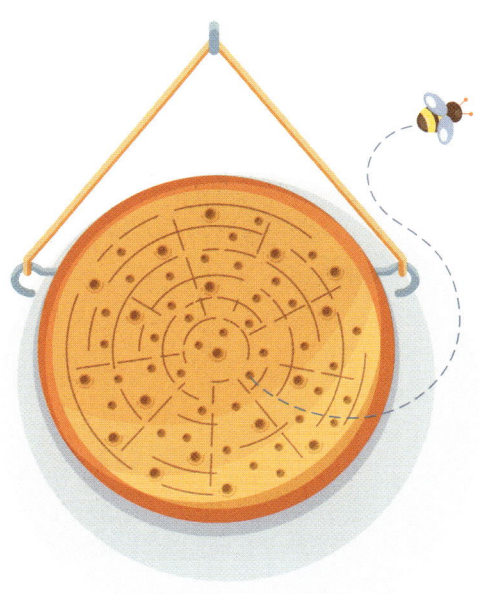

Das Blockhaus

Besorgen Sie sich für dieses Insektenhotel in der nächstgele-
genen Zimmerei unbehandelte Holzreste. Ein 20 Zentimeter
langes Stück von einem Dachbalken ist die perfekte Wahl für
Ihr kleines Sechsbeiner-Blockhaus.

Das brauchen Sie:

⊙ ein Stück Restholz, etwa 20 Zentimeter lang

Bohren Sie mit dem Elektrobohrer an einer beliebigen Seite waagerechte Löcher mit unterschiedlichem Durchmesser in den Holzklotz. Diese sollten einen Durchmesser von 2 bis 10 Millimetern haben. Bohren Sie jedoch nur so tief in das Holz, dass die Löcher die Rückseite nicht durchstoßen.

Aufhängen oder -stellen – z. B. auf die Blumenbank Ihres Balkons – und fertig ist die kleine Insektenresidenz.

Tipps für Insektenhoteliers

Auch beim Blockhaus bleibt es ganz Ihnen überlassen, wie Sie die Anordnung der Bohrlöcher gestalten. Mit einem passenden Schriftzug haben Sie im Nu eine individuelle Unterkunft für Insekten kreiert.
Wenn Sie wollen, können Sie eine Dachschräge in den Holzblock sägen und das Dach mit Schilfhalmen decken. Sind diese dann so zugeschnitten, dass die Stängelknoten hinten und somit die Rückseiten geschlossen sind, kommen auch die Stängel als zusätzliche Niströhren für Ihre fliegenden Gäste infrage.

Der gelochte Gasbetonstein

Mit einer Fuchsschwanzsäge sowie einem Akkubohrer oder
einer Bohrmaschine lassen sich auch handelsübliche Poren-
betonsteine, die Sie für ein paar Euro in jedem Baumarkt kaufen können, schnell und einfach in ein minimalistisches Wild-
bienenhotel umfunktionieren.

Das brauchen Sie:
- Porenbetonstein (Gasbetonstein)
- Fuchsschwanzsäge

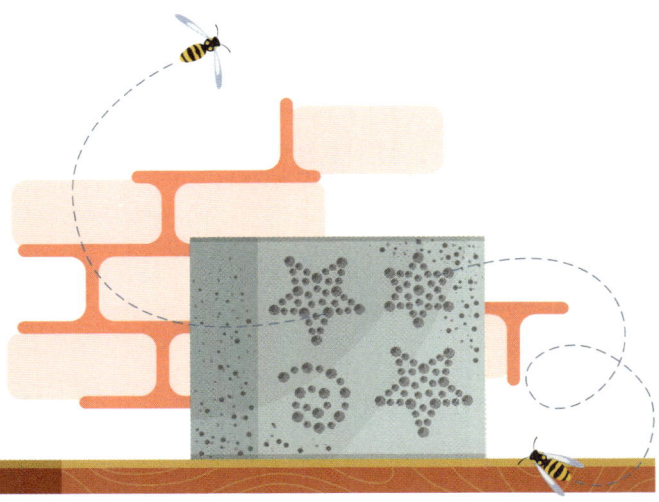

Sägen Sie den Gasbetonstein mit dem Fuchsschwanz auf das gewünschte Maß (oder lassen Sie ihn einfach, wie er ist), und bohren Sie dann wieder Löcher mit unterschiedlichem Durchmesser hinein. Das geht beim Gasbetonstein sogar leichter als bei Holz. Und wie immer, muss die Rückseite der Bohrlöcher geschlossen bleiben.

Zu Ornamenten angeordnete Löcher machen sich auf Gasbetonsteinen besonders gut. Ein idealer Standort für Ihr attraktives Billighotel ist beispielsweise eine gut besonnte Blumenbank.

Gut zu wissen

In handelsüblichen Ziegelsteinen sind bereits Löcher vorhanden. Der Autor dieser Zeilen hat jedoch die Erfahrung gemacht, dass die nicht besonders gut von den anvisierten Bewohnern angenommen werden. Auch dann nicht, wenn man die Rückseite verschließt und – wie oft empfohlen – Unebenheiten auf der offenen Lochseite abfeilt. Womöglich sind den meisten sechsbeinigen Wohnungssuchenden die Löcher schlichtweg zu groß.

Die Lehmhütte

Mandarinen oder andere Zitrusfrüchte werden in Super-
märkten oft in 30 mal 20 mal 10 Zentimeter großen Holzkis-
ten angeboten. Diese sind ein geeigneter Rahmen für eine
Lehm- oder auch eine Schilfhütte.

Das brauchen Sie:
- ⊙ Obstkiste aus Holz, etwa 30 x 20 x 10 Zentimeter groß
- ⊙ natürlichen Lehm oder Ton (aus dem Fachgeschäft für
  Künstlerbedarf oder dem Bastelgeschäft, Menge nach
  Bedarf) und feinen Sand, 2- bis 6-fache Menge
- ⊙ dünnen Pappkarton, etwa 30 x 20 x 10 Zentimeter groß
  (bei Bedarf)
- ⊙ unterschiedlich dicke Bleistifte, Kugelschreiber und
  Schaschlikspieß

Wenn Sie in einer Gegend mit lehmhaltigem Boden wohnen,
können Sie sich das Zusatzmaterial für dieses Insektenhotel
direkt von einem Acker holen (mit der Erlaubnis der Bauern
natürlich). Ansonsten besorgen Sie sich am besten einen Eimer Ton. Da reiner Ton selbst beim Lufttrocknen zu hart wird,
um von Insekten gut bearbeitet werden zu können, müssen
Sie ihn im Verhältnis von 1 zu 2 bis 6 mit Sand mischen. In getrocknetem Zustand sollte das fertige Gemisch gut mit dem
Fingernagel abkratzbar sein.

Falls der Boden des Holzkistchens gelocht ist, bedecken Sie
ihn am besten vor dem Füllen mit einem dünnen Pappkarton.
Die Kiste randvoll mit Lehm oder dem mit Sand gestreckten
Bastelton auffüllen und diesen festdrücken.

Anschließend bohren Sie mit den Stiften und Schaschlikspießen Löcher, die jeweils mindestens 2 Zentimeter Abstand voneinander haben sollten (siehe Kasten „So legen Sie Brutröhren für Wildbienen und Wespen an", Seite 23), in den noch weichen Lehm beziehungsweise Ton. Da die meisten Lehmhüttenbewohner ihre Nistgänge selbst graben, genügt es, wenn Sie etwa die Hälfte der Löcher als Einstiegshilfen mit nur rund 2 Zentimetern Tiefe anlegen.

Nun die Lehmhütte noch ein paar Tage zum Trocknen in die Sonne stellen. Fertig ist eine attraktive Insektenunterkunft, die vor allem in Bodennähe, längs oder hochkant aufgestellt, gern von zahlreichen Wildbienen- und kleinen Wespenarten angenommen wird. Zusätzlich kommen auch Mauerbienen zu Ihrer Lehmhütte, um sich dort den Stoff zum Zumauern ihrer an einem anderen Ort gelegenen Nistgänge zu besorgen.

Info

Tipp für Insektenhoteliers

Statt eines Obstkistchens können Sie natürlich auch einen hübschen kleinen Terrakotta-Blumenkasten als äußeren Rahmen für die Lehmhütte nehmen. Dann wird Ihr Insektenhotel aus Lehm allerdings etwas kostspieliger.

Die Schilfhütte

Als Grundgerüst für dieses Insektenhotel dient wie bei der Lehmhütte (Seite 36 ff.) eine kleine Obstkiste aus Holz. Doch diese wird nun nicht zur Lehm-, sondern zur Schilfhütte. Sie brauchen dafür Hohlstängel in unterschiedlichen Größen. Für Gangnisthilfen mit größerem Durchmesser sind vor allem vorjährige Hohlstängel des Japanknöterichs, der als eingeschleppte Pflanze an vielen Straßenrändern wuchert, geeignet. Auch kleinere, gerade Holunderäste mit ihrem weichen Mark sind hervorragende Großkaliber. Als kleinere Stängel für dieses Insektenhotel bieten sich unterschiedlich dicke Schilfhalme und markhaltige Pflanzenstiele wie etwa die der Kanadischen Wiesenraute an.

Das brauchen Sie:

- ⊙ Obstkiste aus Holz, etwa 30 x 20 x 10 Zentimeter groß
- ⊙ dünnen Pappkarton, etwa 30 x 20 x 10 Zentimeter groß (bei Bedarf)
- ⊙ Hohlstängel von Wildpflanzen, markhaltige Pflanzenstiele und Holunderäste, Schilfhalme; jeweils mit unterschiedlichem Durchmesser
- ⊙ lange Nähnadeln, Stricknadel (bei Bedarf)

Verschließen Sie den eventuell gelochten Boden des Holzkistchens vor dem Befüllen mit einem Stück Pappkarton.

Schneiden Sie nun Ihre Stängel, Äste und Halme so lang zu, wie die Obstkiste tief ist. Durchstoßen Sie etwaige natürliche Trennwände in den Japanknöterichstängeln und den Schilfhalmen mit dafür geeigneten, ausreichend langen Strick- und

Nähnadeln. Die hinteren Trennwände (Stängelknoten) sollten Sie als idealen Röhrenabschluss aber belassen.

Aus der Hälfte der Holunderäste und sonstiger markhaltiger Stiele können Sie das Mark bis auf ein kleines, abschließendes Endstück herausbohren. In den restlichen Hohlstängeln lassen Sie es jedoch drin, denn manche kleinen Wildbienen, Schlupf- und Schmalbauchwespen bohren ihre Gänge lieber selbst.

Jetzt alle Halme, Äste, Stiele und Stängel mit den Öffnungen nach oben in das Kistchen schichten. Es sollte so voll werden, dass die einzelnen Röhren einander festen Halt geben. Wem das zu mühselig ist, der kann das Kistchen auch einfach aufteilen. Die eine Hälfte wird dann zur Lehm- und die andere zur Schilfhütte. Oder Sie füllen die gesamte Kiste randvoll mit Lehm beziehungsweise Ton und drücken hier und da passend zugeschnittene Hohlstängel zwischen die gebohrten Löcher.

Tipp für Insektenhoteliers

Ein roter Dachziegel oder eine passende Terrakotta-Fliese auf der nach Belieben hochkant oder quer aufgestellten Obstkistenhütte macht diese regenfest – und noch attraktiver.

Der Senkrechtstarter

Manche Wildbienen scheinen allerdings auf senkrechte, markhaltige Stängel geeicht zu sein, waagrechte liegen ihnen nicht. Um auch diesen Sechsbeinern eine schnell angefertigte, kostengünstige Behausung anzubieten, können Sie Stängel von Wildpflanzen auf eine Länge zuschneiden, bündeln und so befestigen, dass sie senkrecht hängen.

Das brauchen Sie:
- Stängel von Wildpflanzen verschiedenen Durchmessers
- Blumendraht (Menge nach Bedarf)
- langen Stock

Schneiden Sie Stängel von Brombeere, Holunder, Königskerze oder ähnlichen Pflanzen auf eine Länge von 20 bis 40 Zentimetern zu und fixieren Sie diese mit Blumendraht an einem Stock. Diesen stecken Sie im Garten in die Erde oder auf Balkon und Terrasse in einen Blumentopf. Spätestens im nächsten Frühjahr werden sich die ersten Gäste einfinden.

Tipp für Insektenhoteliers

Alternativ können Sie die gebündelten Stängel natürlich auch senkrecht an einem Dachrinnenfallrohr oder an der Seitenwand Ihres Insektenhotels anbringen.

Dekorative Mehrfamilienhäuser

Hotels für Solitärinsekten und Großfamilien kaufen ...

Vielleicht wollen Sie sich statt eines preisgünstigen Einsteiger-modells lieber gleich ein richtiges, möglichst dekoratives Insektenhotel zulegen. Die ästhetische Optik ihrer neuen Behausung ist den Insekten zwar gleichgültig, aber Ihnen soll das Hotel ja auch gefallen.

Ganz gleich, wie und wo Sie es erwerben oder ob Sie es sogar selbst bauen wollen: Je mehr unterschiedliche Zimmer Ihr Hotel hat, umso mehr verschiedene Besucher werden sich einfinden. Zum unverzichtbaren „Mobiliar" gehören auch hier verschiedene röhrenförmige Gangnisthilfen, wie sie im Kapitel „Schmucke Einzelgängerresidenzen" (Seite 24 ff.) beschrieben wurden: Bohrlöcher in Holz- und Lehmklötzen, Schilfhalme und für größere Brutröhren auch Bambusstangen. Dieses wird bevorzugt von solitär lebenden Wildbienen- und Wespenarten (Von denen die meisten gar nicht stechen können!) angenommen. Aber auch Stroh-, Hobelspäne-, Reisig- und Tannenzapfenkammern sollten nicht fehlen, um zahlreichen Sechsbeinern wie etwa Ohrwürmern (Die übrigens keine Würmer sind und auch nie ins Ohr kriechen!), verschiedenen Käfern und Florfliegen Unterschlupf zu gewähren. Im Zwischen- oder Dachgeschoss sollte noch Platz für ein oder zwei leere Dunkelzimmer von rund 10 mal 10 mal 10 Zentimetern Raumgröße mit Eingangsschlitzen sein, in die sich z. B. Schmetterlinge vor Unwettern zurückziehen können oder in kleinen Gruppenverbänden lebende Wespenarten gern ihre Brutwaben bauen.

Qualität und Preis sollten stimmen!

Der schnellste Weg zu einem halbwegs attraktiven Insekten-hotel führt zum Baumarkt oder Gartencenter, die meist fast das ganze Sommerhalbjahr über einige Modelle im Angebot haben. Ein Preisvergleich lohnt sich! Teilweise werden nahezu identische Hotels zu erheblich unterschiedlichen Preisen an-geboten. Wenn Sie sich bereits in Herbst und Frühwinter beim Saisonräumungsverkauf für das nächste Frühjahr ein-decken, bekommen Sie für 10 Euro oft das Gleiche, wofür Sie vor oder in fünf Monaten das Fünffache bezahlen mussten beziehungsweise müssen. Ein Besuch auf Flohmärkten lohnt sich für angehende Insektenhoteliers aber nur selten, da die meisten Menschen ihr Insektenhotel nicht mehr missen wol-len und es deshalb kaum gebraucht anbieten.

Schnäppchen gibt es manchmal in sogenannten 1-Euro-Lä-den, wobei Insektenhotels dort nicht immer nach den Regeln insektenhotelbaulicher Kunst angefertigt sind. Achten Sie hier besonders darauf, ob die verwendeten Materialien in-sektentauglich sind. So mögen Mauerbienen zwar selbst in Gangnisthilfen aus Plastik ihre Eier legen. Ob die Brut darin aber auch gedeiht und irgendwann schlüpft, ist fraglich, zu-mal es darin oft zu feucht und im Sommer zu heiß wird.

Attraktive Residenzen von Werkstätten für Menschen mit Behinderung ...

Insektenhotels sind relativ einfach zu bauen. Wie Vogelnist-kästen und -futterhäuschen werden sie deshalb oft auch von Werkstätten für Menschen mit Behinderung angeboten. Wer hier einkauft, bekommt meist ein sehr attraktives, individuell und liebevoll angefertigtes Insektenhotel und unterstützt zudem eine gute Sache. Erkundigen Sie sich doch einmal, ob betreute Werkstätten in Ihrer Umgebung Insektenhotels anfertigen.

... oder von semiprofessionellen und professionellen Bastlern kaufen

Sehr individuelle Insektenhotels, vom preisgünstigen und entsprechend einfachen bis hin zum kostspieligen Edelmodell, gibt es häufig auch bei talentierten Bastlern, die ihre Ware auf Bauern- und sonstigen Märkten verkaufen, um ihre Rente etwas aufzustocken, oder professionell im Internet anbieten. Dort finden Sie auch von Naturschutzvereinen empfohlene Residenzen für jeden Geldbeutel (siehe „Literaturempfehlungen und Links", Seite 137 ff.). Und so manche kleine Schreinerei oder Zimmerei hat den perfektionierten Insektenhotelbau als profitable Marktlücke entdeckt (siehe „Literaturempfehlungen und Links", Seite 137 ff.).

... oder einfach selbst bauen

Nicht nur die eingangs beschriebenen Einsteigermodelle, sondern auch schöne Mehrfamilienhäuser – vom kleineren Balkonmodell bis zum Zweimaldreimeter-Gartenmodell – können Sie auch relativ einfach selbst bauen. Wer Zeit und Spaß an der Sache hat, sollte sich schnell daran wagen. Vielleicht wollen ja sogar Ihre Kinder oder Enkel mitmachen. Wecken Sie spielerisch ihr Interesse, so gewinnen Sie wenigstens für ein paar Etappen des Bauprozesses ihre Unterstützung. Und damit fördern Sie auch gleich das Interesse der jungen Generation an den sechsbeinigen Gästen Ihres bezugsfertigen Insektenhotels.

Es gibt zahlreiche gute Bauanleitungen für Insektenhotels im Internet, teilweise auch animiert oder als Anleitungsfilm (siehe „Literaturempfehlungen und Links", Seite 137 ff.), sodass Sie es sich eigentlich sparen können, selbst eine Bauanleitung auszuarbeiten. Wer kein Internet hat, könnte beispielsweise einen entsprechend ausgerüsteten Freund, die eigenen Kinder oder Enkel fragen, ob sie ihm ein paar Anleitungen ausdrucken oder das Video sogar gemeinsam anschauen. Um jedoch die Verantwortung, die Sie als Bauherr und zukünftiger Insektenhotelier haben, nicht vollständig an andere abzugeben, sollen hier wenigstens zwei – beliebig variierbare – Standardbauanleitungen für Insektenhotelmodelle vorgestellt werden, die auch balkontauglich sind.

Das Halbfertig-Mehrfamilienhaus aus einem Weinregalziegel

Weinregalziegel mit üblicherweise sechs Höhlungen für Weinflaschen sind die ideale Basis für ein einfaches und dennoch attraktives Insektenhotel. Ein solcher Ziegel kostet im Baumarkt etwa 8 Euro. Zusätzlich brauchen Sie etwas Lehm vom Acker oder Ton aus dem Bastelgeschäft, aus dem Sie ein Ton-Sand-Gemisch herstellen. Weiterhin benötigen Sie für die einzelnen Zimmer Ihres Halbfertig-Mehrfamilienhauses vor allem unterschiedliche Naturmaterialien.

Das brauchen Sie:
1 Weinflaschenregalziegel

Für die Lehmkammer
- ⊙ stabilen Pappkarton
- ⊙ natürlichen Lehm oder Ton (aus dem Fachgeschäft für Künstlerbedarf oder dem Bastelgeschäft, Menge nach Bedarf) und feinen Sand, 2- bis 6-fache Menge
- ⊙ kleinen Holzklotz (zum Feststampfen des Lehms)
- ⊙ Bleistift, Kugelschreiber und Schaschlikspieß

Für die Schilfkammer
- ⊙ getrocknete Schilfhalme oder Hohlstängel von Wildpflanzen, dünne Bambusstange
- ⊙ Stricknadel oder Weichholz-Handbohrer (bei Bedarf)

Für die Besenstielkammer
- ⊙ unbehandelte Rundholzstangen mit einem Durchmesser von 15 Zentimetern (Meterware aus dem Baumarkt oder nach Resten fragen)
- ⊙ Schilfhalme

Für das Holzwollzimmer
- ⊙ Kaffeebecher aus Pappe
- ⊙ Holzwolle (aus dem Baumarkt) oder Hobelspäne

Für das Zapfenzimmer
- ⊙ Kaffeebecher aus Pappe
- ⊙ getrocknete Kiefern- oder Fichtenzapfen

Für das Holunderzimmer
- ⊙ unterschiedlich dicke Holunderäste mit 5 bis 15 Millimetern Durchmesser

Für das Totholzzimmer
- ⊙ ein morsches Stück Holz von einem abgestorbenen Ast

Die Lehmkammer

Legen Sie den Ziegel mit den Öffnungen nach oben auf einen Tisch und befüllen Sie ein Weinflaschenfach, das Sie hinten mit dem passend zugeschnittenen Stück Pappkarton verschlossen haben, randvoll mit dem Lehm- oder Ton-Sand-Gemisch (siehe Anleitung für den Bau einer Lehmhütte, Seite 36 ff.). Stampfen Sie den Lehm gut mit dem Holzklotz fest, damit sich keine eingeschlossenen Hohlräume bilden. Dann drücken Sie mit Bleistift, Kugelschreiber und Schaschlikspieß ein paar 3 bis 10 Zentimeter tiefe Löcher mit unterschiedlichem Durchmesser in den Lehm.

Die Schilfkammer

Schneiden Sie die Schilfhalme und andere Hohlstängel vom letzten Jahr entsprechend der Tiefe Ihres Weinziegels zu. Stecken Sie diese so in eine Röhre, dass die Halme festen Halt haben. Alternativ zu Schilf können Sie dünnere Bambusstangen nehmen, die Sie wieder entsprechend der Ziegeltiefe absägen. Achten Sie darauf, dass sich die natürlichen Kammertrennwände (Knoten) in den Bambus- und sonstigen Hohlstängeln immer hinten befinden und so den natürlichen Abschluss der Brutröhre bilden. Vordere Kammertrennwände müssen Sie gegebenenfalls mit der Stricknadel oder dem Handbohrer durchstoßen.

Die Besenstielkammer

Scheiden Sie die Rundholzstangen oder -reste wieder entsprechend der Ziegeltiefe zu. Bohren Sie von der Stirnseite aus möglichst tiefe, aber nicht ganz durchgehende Löcher von 2 bis 10 Millimetern Durchmesser in die Stangen und befüllen Sie mit ihnen das dritte Weinflaschenfach. Schieben Sie so lange weitere angebohrte Rundhölzer dazwischen, bis diese einander festen Halt geben. Befüllen Sie zum Schluss verbleibende Leerräume, die für weitere Holzstangen zu eng sind, mit den Schilfhalmen.

Das Holzwoll- und das Zapfenzimmer)

Befüllen Sie eine vierte Flaschenkammer locker mit der Holzwolle und eine fünfte mit den trockenen Nadelbaumzapfen. Damit auch hier die Rückwand geschlossen ist, können Sie einen passenden Papp-Kaffeebecher in die Flaschenhöhlungen schieben.

Das Holunder- oder Totholzzimmer

Schneiden Sie nun die unterschiedlich dicken Holunderäste entsprechend der Ziegeltiefe zu. Entfernen Sie aus etwa der Hälfte der zugeschnittenen Aststücke mit der Rundfeile oder dem Weichholz-Handbohrer das Mark. Achten Sie dabei aber unbedingt darauf, dass die gebohrten Kanäle nicht ganz durchgehen, also hinten geschlossen sind. Befüllen Sie auch das sechste Weinflaschenfach mit den unterschiedlichen markhaltigen Holunderästen so dicht, dass sich die einzelnen Äste festen Halt geben.

Alternativ zu einer der vorgenannten Möglichkeiten können Sie in ein Flaschenloch des Ziegels auch ein möglichst morsches Totholzstück einpassen. Bohren Sie ein paar Löcher hinein oder hoffen Sie darauf, dass die spontan entstehenden Spalten und Lücken besetzt werden oder sich Insekten selbst Löcher in das morsche Holz beißen.

Das Weinregalziegel-Hochhaus

Ob Sie die Kammern wie hier vorgeschlagen befüllen oder das jeweilige „Mobiliar" für die einzelnen Zimmer selbst auswählen, bleibt natürlich Ihnen überlassen. Auch das Füllmaterial können Sie beliebig variieren. Statt der Holzwolle sind auch Blätter, Heu, Stroh oder Hobelspäne geeignet. Und wenn Sie eine ebene Unterlage haben, können Sie auch zwei oder drei entsprechend gestaltete Weinregalziegel übereinanderstellen. Die dabei zwischen den einzelnen Ziegeln entstehenden kleinen Hohlräume werden von verschiedenen Insekten gern als Schlupfwinkel genutzt. Als attraktives Dach bietet sich ein halber Baumstamm in passender Länge und Breite an. Wenn Sie in den Stamm an den Seiten noch unterschiedlich große Löcher hineinbohren, haben Sie ein zusätzliches, für Insekten bewohnbares Stockwerk. Bedenken Sie allerdings, dass ein einziger Weinregalziegel über 10 Kilogramm wiegen kann und drei aufeinandergestapelte Ziegel sich zu einem Gewicht addieren, das fragile Unterlagen womöglich überlastet. Leben kleine Kinder in Ihrem Haushalt, sollten Sie Ihr Insektenhochhaus sicherheitshalber auf zwei übereinandergestellte Ziegel beschränken.

Ein klassisches Insektenhotel im Setzkastenstil

Die folgende Bauanleitung ist für ein Insektenhotel mit den Rahmenmaßen von 40 Zentimetern Basishöhe sowie 40 Zentimetern Breite und 10 Zentimetern Tiefe plus 20 Zentimetern für das Dachgeschoss gedacht. Wenn Ihr Hotel kleiner, größer oder auch breiter als hoch sein soll, dürfte es für Sie ein Leichtes sein, die vorgegebenen Maße entsprechend anzupassen – also z. B., indem Sie einfach alle Größenangaben durch 2 teilen. In der Tiefe sollten Sie es aber bei 10 Zentimetern belassen, zumal die Nistgänge ansonsten für so manchen potenziellen Bewohner zu kurz wären. Routinierte Bastler sägen die einzelnen Holzstücke für den Rahmen an den Ecken im 45°-Winkel zu (45°-Gehrung). Das erhöht die Stabilität und sieht einfach besser aus. Aber fürs Erste geht's auch ohne. Doch nun zu unserem Musterhaus.

Das brauchen Sie:

- für Seitenwände, Boden und Decke: 4 unbehandelte Bretter; jeweils 40 Zentimeter lang, 10 Zentimeter breit und 1 bis 2 Zentimeter dick
- für die Zwischendecken: 2 unbehandelte Bretter, jeweils 40 Zentimeter lang, 10 Zentimeter breit und 1 bis 2 Zentimeter dick
- für die Dachschrägen: 2 unbehandelte Bretter, jeweils 40 Zentimeter lang, 12 bis 15 Zentimeter breit und 1 bis 2 Zentimeter dick
- je nach Anzahl und Größe der Zimmer: mehrere Bretterreste, 10 Zentimeter breit und 1 bis 2 Zentimeter dick, jeweils passgenau als Zwischenwand zugeschnitten

- eine dünne Holzplatte, etwa 50 x 50 Zentimeter groß
- eine Schachtel Holzschrauben, 25 bis 35 Millimeter lang

Den Außenrahmen zusammenfügen

Verschrauben Sie die vier 40 Zentimeter langen Bretter zu einem Grundrahmen. Die Seitenwände bringen Sie jeweils außen an. Dafür sollten vier mal zwei Schrauben ausreichen (jeweils zwei links oben und unten sowie zwei rechts oben und unten). Vorgebohrte Führungslöcher erleichtern das Eindrehen der Schrauben.

Die Zwischendecken einziehen

Etwa 10 Zentimeter von der Unterkante und 15 Zentimeter von der Oberkante befestigen Sie mit jeweils zwei Schrauben links und rechts die ebenfalls 40 Zentimeter langen Bretter für die Zwischendecken. Sie verleihen dem Rahmen zusätzliche Stabilität.

Den Dachstuhl daraufsetzen

Verbinden Sie die 40-Zentimeter-Bretter für die Dachschrägen an den Enden mit zwei Schrauben im rechten Winkel. Setzen Sie die Konstruktion an der Rückseite bündig als (vorn) leicht überstehendes Dach auf den Grundrahmen. Fixieren Sie die Dachschrägen mit jeweils zwei leicht schräg von oben in den Rahmen getriebenen Schrauben. Routinierte Bastler schneiden mit entsprechenden Hilfsmitteln den Dachstoß auf Gehrung (siehe oben), was aber für unser einfaches Modell nicht unbedingt erforderlich ist.

Tipps für Insektenhoteliers

Wenn Ihr Insektenhotel völlig ungeschützt im Freien stehen soll, können Sie das Dach zum Schutz vor Regen mit zugeschnittener Dachpappe bedecken, die Sie mit speziellen Dachpappnägeln auf die Dachleiste nageln oder mit Klammern festtackern.
Alternativ können Sie es auch mit einer wasserfesten insektenfreundlichen Farbe streichen. Gehen Sie auf Nummer sicher und kaufen Sie im Fachhandel geeignete Farben, die lösungsmittel- und biozidfrei sind (siehe „Literaturempfehlungen und Links", Seite 137 ff.).

Doch im Normalfall ist weder Dachpappe noch Schutzfarbe nötig. Selbst wenn Ihr Hotel ungeschützt im Freien steht, würde es viele Jahre dauern, bis das Dach vermodert. Wussten Sie, dass Ihr Insektenhotel in zunehmendem, aber trotzdem noch lange haltbarem Moderzustand für eine ganze Reihe von Insekten besonders attraktiv ist? Wenn Sie es auf einem überdachten Balkon aufstellen oder unter dem Überdach eines Schuppens, einer Garage oder sonstigen Gebäudes aufhängen wollen, ist es ohnehin wettergeschützt.

Die Rückwand anbringen

Schneiden Sie die Holzplatte auf die Umrisse Ihres Insektenhotels zu und nageln Sie diese als Rückseite auf den Grundrahmen und das Dachgeschoss. Dabei kann es praktikabler sein, beide Teile getrennt abzudecken. Alternativ können Sie auch die Umrisse des Insektenhotels auf ein großes Blatt Papier übertragen und sich die Rückwand passgenau im Baumarkt zuschneiden lassen. Spätestens jetzt könnte allerdings ein gekauftes Insektenhotel schon preisgünstiger sein. Aber der Spaßfaktor beim Eigenbau bleibt trotz allem unbezahlbar!

Die Zwischenwände einziehen

Überlegen Sie nun, wie viele separate Kammern Ihr Insektenhotel haben soll, und planen Sie entsprechende Zwischenwände. Überall da, wo Sie eine Zwischenwand einplanen, bohren Sie auf etwa halber Höhe zwischen zwei Querbrettern (Zwischendecken) in die Rückwand ein Loch, durch das Sie mit einer Schraube die passend zugeschnittenen, als Zimmerwand dienenden Trennbretter fixieren.

Den Raum unter der Dachschräge können Sie entweder als ein großes „Mansardenzimmer" belassen oder Sie unterteilen es vertikal oder/und horizontal in zwei bis vier kleine Dachkammern.

Streichen oder nicht streichen?

Farben dienen natürlich nicht nur als Witterungsschutz, sondern machen die Residenz auch optisch attraktiver, was den Insekten aber meist gleichgültig ist. Während der eine eher ein naturbelassenes Holzhaus vorzieht, möchte der andere vielleicht nicht nur das Dach bemalen, sondern auch noch Zwischengeschoss- und Zwischenwandkanten mit lösungsmittel- und biozidfreier Farbe (siehe Kasten „Tipps für Insektenhoteliers", Seite 53, sowie „Literaturempfehlungen und

Links", Seite 137 ff.) optisch absetzen. Auf der größeren geschlossenen Frontwand des „Dunkelzimmers" (siehe Seite 58) können Sie sogar mit einem Holzbrennstab ein passendes Motiv oder – wenn Sie schon genau wissen, wo das Hotel stehen/hängen wird – eine kleine Sonnenuhr einbrennen.

Die einzelnen Kammern möblieren

Jetzt können Sie die einzelnen Kammern mit unterschiedlichen Materialien bestücken, von denen Sie viele bereits bei dem Weinregalziegel (Seite 47 ff.) kennengelernt haben.

Das brauchen Sie:

- ⊙ Holzklötze in passender Größe, in die Sie für die Brutzellen zuvor möglichst tiefe Löcher im Durchmesser von 2 bis 10 Millimetern gebohrt haben
- ⊙ Schilfhalme, die Sie vorab auf eine Länge von etwa 10 Zentimeter zugeschnitten haben. Drücken Sie davon so viele in eine Kammer, dass die Halme sich gegenseitig fixieren.
- ⊙ größere Nistganghilfen in Form von auf 10 Zentimeter Länge zugeschnittenen Stängeln des Japanischen Knöterichs. Schneiden Sie die Stängel so ab, dass sich die natürlichen Trennwände (Stängelknoten) möglichst am hinteren Stängelende befinden, oder durchstoßen Sie die Trennwände mit einem Handbohrer für Weichholz. Schieben Sie immer auch ein paar markhaltige Stängel für Wildbienen dazwischen, die ihre Gänge selbst bohren.
- ⊙ unterschiedlich dicke Bambusstangen, die Sie zuvor auf eine Länge von 10 Zentimetern zugeschnitten haben. Auch hier sollten Sie darauf achten, dass sich die natür-

lichen Trennwände der Bambusstangen möglichst weit
hinten befinden.

- etwa 10 Zentimeter lange Rundhölzer mit einem Durchmesser von 2 bis 5 Zentimetern, in die Sie zuvor möglichst
  tiefe Löcher mit 2 bis 10 Millimetern Durchmesser gebohrt haben
- etwa 10 Zentimeter lange und möglichst gerade Aststücke
  mit 2 bis 5 Zentimetern Durchmesser, in die Sie möglichst
  tiefe Löcher mit 2 bis 10 Millimetern Durchmesser
  gebohrt haben
- feuchten Lehm beziehungsweise ein Ton-Sand-Gemisch
  (siehe Anleitung zum Bau einer Lehmhütte, Seite 36 ff.).
  Füllen Sie eine Kammer damit randvoll auf. Dann mit
  Schaschlikspieß, Bleistift, langen Nägeln oder ähnlichen
  Hilfsmitteln Löcher mit unterschiedlichem Durchmesser
  in die zähe Masse drücken. Das Gemisch trocknet von
  selbst in der Kammer.
- ein auf passende Größe zugeschlagenes Stück Ziegel-
  stein. Die Löcher beziehungsweise Schlitzöffnungen
  zeigen zur Vorderseite. Das kann attraktiv aussehen,
  wird von Wild-bienen aber eher schlecht angenommen.
  Hier können Sie Abhilfe schaffen, indem Sie die Löcher
  mit Hohlstängeln, markhaltigen Ästen und/oder dünnen
  Bambusstangen in passender Größe füllen. Wie immer
  sollten sich die natürlichen Trennwände am hinteren
  Ende befinden.
- einen passend zugeschnittenen – oder, wenn Sie die
  Kammer groß ist, auch einen ganzen – Gasbetonstein
  (siehe Anleitung „Der gelochte Gasbetonstein", Seite 34 f.),

in den Sie zuvor wieder zahlreiche Löcher mit 2 bis 10 Millimetern Durchmesser gebohrt haben.

- ein passend zugeschnittenes Stück morsches Totholz, in
  das Sie vorab Löcher in unterschiedlicher Größe gebohrt
  haben. Oder Sie legen das Holzstück unbearbeitet in die
  Kammer und überlassen alles Weitere den Mietern.
- Holzwolle, Holzspäne, Stroh, Heu oder trockene Blätter.
  Ohrwürmer und Käfer werden Ihnen dieses „Mobiliar"
  danken. Pressen Sie diese Naturmaterialien aber nicht,
  sondern füllen Sie die Kammer locker bis zur Decke
  damit, sodass die Gäste noch Bewegungsfreiheit haben.
  Und damit das Material bleibt, wo es hingehört, verschließen Sie die so bestückte(n) Kammer(n) mit einem
  passend zugeschnittenen Stück Hasendraht, das Sie mit
  Krampen (U-förmigen Nägeln) festnageln oder mit
  Klammern festtackern.
- getrocknete Tannenzapfen, mit denen Sie die Kammer
  randvoll, aber locker füllen. Damit diese nicht wieder
  herausfallen, bedarf es hier ebenfalls einer Abdeckung
  mit Hasendraht (siehe oben).
- leere Schneckenhäuser, mit denen Sie den Boden der
  Kammer bedecken. Dafür eignet sich besonders eine eher
  flache Kammer im Untergeschoss Ihres Insektenhotels.

Ob Sie jede Kammer des Insektenhotels unterschiedlich befüllen oder zwei bis mehrere Kammern gleich gestalten, bleibt
ganz Ihren Bauplänen als Insektenhotelier überlassen. Pro-
bieren Sie einfach aus, wie Ihnen die schmucke Residenz für
Sechsbeiner – auch optisch – am besten gefällt.

Ein größeres Dunkelzimmer für Kleinstaatenbildner oder Schmetterlinge

Die meisten Ihrer zukünftigen Insektenhotelbewohner werden sogenannte solitär lebende, also keine Staaten bildende Wildbienen oder Wespen sein. Um auch in kleineren Verbänden von 10 bis 50 Tieren lebenden Wespenvölkchen den passenden Wohnraum anzubieten, können Sie eine Kammer des Hotels als „Dunkelzimmer" gestalten. Schneiden Sie dafür aus dünnem Sperrholz, am besten mit einer Laubsäge, eine passende Abdeckplatte zu und nageln Sie diese mit kleinen Nägelchen auf die Zwischenwände der vorgesehenen Kammer. Vorher sollten Sie jedoch ein Flugloch von 10 bis 12 Millimetern Durchmesser hineinbohren. Große Insektenliebhaber können das Flugloch auch in Form eines Herzens oder der Silhouette eines Fluginsektes mit der Laubsäge hineinzaubern. Besonders attraktiv macht sich ein Dunkelzimmer mit zentraler Lage im Dachgeschoss. Wenn Sie alternativ mit der Laubsäge statt eines Lochs ein oder zwei etwa 4 Zentimeter lange und 6 Millimeter breite Schlitze als Eingang in die Abdeckplatte sägen, könnten sich gelegentlich auch Tagfalter als Wetterschutz- oder Überwinterungsgäste in Ihrer Dunkelkammer einfinden.

Wenn Sie den passenden Standort für Ihr Insektenhotel gefunden haben

Stehend oder hängend?

Sie können Ihr Insektenhotel auf den Boden stellen oder an einem geeigneten Platz aufhängen, also wie immer sonnig, regen- und windgeschützt (siehe Kasten „Der geeignete Standort", Seite 20). Es ist ratsam, die Entscheidung „Stehend oder hängend?" auch vom Gewicht der Behausung abhängig zu machen. Schwere Hotels platzieren Sie besser sicher auf dem Boden.

Sicher aufhängen ...

Für ein hängendes Insektenhotel benötigen Sie zwei Stahlringschrauben mit 2 bis 3 Millimeter dickem Holzgewinde, das lang genug ist, um durch die Rückwand und noch mindestens 1, besser 2 Zentimeter in die Seitenwand zu reichen.

Bohren Sie jeweils 3 Zentimeter unterhalb der Obergeschossdecke links und rechts mit einem 1- bis 2-Millimeter-Holzbohrer ein Loch durch die Rückwand hindurch in die Seitenwand. Schrauben Sie die beiden Rundschrauben bis zum Anschlag in die vorgebohrten Löcher. Befestigen Sie nun an jeder Rundschraube das rechte und linke Ende eines dickeren Blumendrahtes (diesen verdrehen Sie vorher mehrfach). Wer auf Nummer sicher gehen will, nimmt den Blumendraht gleich zwei- oder dreifach. Sie können ihn relativ straff zwischen die beiden Ringschrauben spannen oder ihn so lang lassen, dass er beim Aufhängen die Spitze des Hotels überragt beziehungsweise sich auf gleicher Höhe mit ihr befindet. Schrauben Sie jetzt einen Winkelhaken in einen Baumstamm, eine Holzwand oder eine Mauer (dann sollten Sie zuvor einen geeigneten Dübel einbringen) und hängen Sie daran Ihr Hotel an dem Blumendraht auf.

Achtung: Versichern Sie sich, dass Ihre Aufhängevorrichtung zuverlässig hält, und platzieren Sie das Insektenhotel so, dass bei einem unvorhergesehenen Absturz möglichst niemand und nichts zu Schaden kommt. Und bedenken Sie auch hier, dass Haus- sowie Balkonwände mit Wärme-Dämmschutzbeschichtung nicht angebohrt werden dürfen.

... oder stabil aufstellen

Soll Ihr Insektenhotel auf dem Boden, einem Sockel oder einem geeigneten Baumstamm stehen, dann wählen Sie von vornherein als Bodenplatte ein Brett, das den Grundriss des Insektenhotels an beiden Seiten und vorn um jeweils mindestens 5 Zentimeter überragt. Das Hotel hat dann einen sicheren Stand. Von hinten wird es durch die Wand gestützt, an die Sie es in der Regel stellen. Wird das Hotel auf einem stabilen Sockel oder einem Baumstamm platziert, können Sie vorn und an den Seiten jeweils ein vertikales Loch in die überstehende Bodenplatte bohren und das Hotel auf der Unterlage festschrauben. Soll Ihr Hotel im Garten frei stehen, können Sie durch diese drei Löcher auch drei preisgünstige Zeltheringe (aus dem Baumarkt) oder drei lange Nägel in die Erde treiben oder die Bodenplatte auch mit schweren Kunst- oder Natursteinen fixieren. Hat Ihr Hotel keine überstehende Bodenplatte – weil Sie es z. B. ursprünglich als Hängemodell geplant hatten –, können Sie nachträglich eine Platte mit vier Senkkopfschrauben von unten (je eine auf jeder Grundrissseite) anbringen.

Bauen Sie Ihr Insektenhotel nur dann selbst, wenn Sie Spaß daran haben!

Geld zu sparen ist ein untaugliches Argument, um ein Insektenhotel selbst zu bauen. Wer ein bisschen sucht und Preise vergleicht, findet mit Sicherheit gefällige Modelle, die in Eigenleistung nicht preisgünstiger zu haben sind, sofern Sie das erforderliche Bastelmaterial und den Zeitaufwand dagegen aufrechnen. Hinzu kommt beim Selbstbauen womöglich der Ärger über eine misslungene Konstruktion. Daher möchte ich an dieser Stelle betonen, dass Selbstbauen nur dann lohnend ist, wenn es Ihnen Spaß macht oder Sie einen anderen Gewinn daraus ziehen, z. B. dass Sie es hinbekommen haben, ein attraktives Insektenhotel zu bauen, und zwar womöglich sogar wesentlich besser als es der Autor dieser Zeilen kann und vorschlägt oder dass Sie nun ein absolutes Unikat Ihr Eigen nennen dürfen. *Übrigens*: Wenn Sie unbedingt ein schönes Insektenhotel selbst bauen wollen, aber sowohl mit der in diesem Buch gegebenen Bauanleitung als auch mit Bauanleitungen aus dem Internet gescheitert beziehungsweise unzufrieden sind, sollten Sie einmal schauen, ob nicht die Volkshochschule oder eine andere Organisation in Ihrer Nähe (z. B. die Schrebergarteninitiative oder ein Naturschutzverein) entsprechende Werk- und Bastelkurse anbietet.

Insektenfreund-liche Balkon-, Terrassen- und Gartengestaltung

Wer Insekten zusätzlich zur Behausung auch noch Futter und erweiterten Lebensraum bietet, macht nicht nur seinen Hotelgästen, sondern auch sich selbst mehr Freude. Wenn Sie irgendwann in dem fertigen Garten oder auf der blühenden Terrasse sitzen und den Blick über eine Bienenweide, die zugleich eine Augenweide ist, wandern lassen, werden Sie es spüren. Zudem profitieren von einer insektenfreundlichen Umfeldgestaltung nicht nur Ihre Hotelgäste, Sie unterstützen damit auch viele andere Kleintiere und Vögel. Doch es muss nicht alles von Anfang an perfekt sein. Stellen Sie zuerst einmal Ihr Insektenhotel auf und gehen Sie dann in Ruhe die nächsten Schritte an.

Balkonien – von der Betonwüste zur grünen Oase

Wie man sich auf einem Spaziergang durch Vorstädte und Wohnsiedlungen überzeugen kann, liegen insbesondere in Mehrfamilienhäusern die meisten Balkone brach. Ein bis zwei kleine Blumenkästen gelten bereits als grüne Ausnahme und oft fehlen sogar die. Die meisten Balkone in Mehrfamilienblocks stehen leer oder werden als Abstellraum genutzt. Klar, dass man sich da nicht besonders gern aufhält und ein Insektenhotel mag eventuell nur schwer Gäste finden, wenn der Weg zum Blütenmeer einfach zu weit ist.

Mit üppig begrünten und beblühten Balkonen schaffen Sie nicht nur neue Lebensgrundlagen für interessante und gar nicht lästige Insekten. Damit tun Sie sich vor allem auch selbst etwas Gutes, und wenn Sie dann auch noch zahlreiche Nachahmer in der Nachbarschaft finden, steigt sogar der Wert der Immobilie. Denn eine Häuserfront, in der aus nahezu allen Balkonen ein ebenso üppiger wie hübscher Pflanzenbewuchs winkt, ist auch für potenzielle Mieter oder Käufer um vieles attraktiver als der häufige trostlose Istzustand verwaister Balkone und Loggien. Wohnungseigentümer wie Hausverwaltungen sollten ein grün-farbenfrohes Umdenken anregen oder vielleicht sogar finanziell fördern. Nebenbei entstünde so auch noch ein kleiner Biotopverbund.

Doch die Gegenargumente lassen nicht lang auf sich warten. „Wer gießt denn dann regelmäßig? Und wer gießt in meiner Abwesenheit?" oder „Ich habe einfach keinen grünen

Daumen!" Dabei ist es noch einfacher, ein bisschen farbenfrohe und insektenfreundliche Natur auf den Balkon zu bringen als ein Insektenhotel zu bauen.

Je größer das Pflanzgefäß, desto problemloser sind die Durststrecken!

Wer in der privilegierten Situation ist, eine Balkonbrüstung mit großem integriertem Pflanztrog sein Eigen zu nennen, bepflanzt diesen natürlich primär. Meistens fehlt aber eine solche Ausstattung und zudem untersagen die meisten Hausordnungen nach außen hängende Blumenkästen. Eine gute Alternative ist dann, in der linken und der rechten Balkonecke jeweils ein möglichst großes Pflanzgefäß auf den Boden zu stellen. „Möglichst groß" deshalb, weil Pflanzen in der Regel besser wachsen, wenn sie mehr Erde und damit mehr Platz für ihre Wurzeln haben. Zudem nehmen mit der befüllten Topfgröße die Wasserspeicherkapazität und die Staunässetoleranz des Pflanzgefäßes zu. Dann müssen Sie weniger gießen, und einmal gut bewässert, können Sie die Pflanzen darin ein paar Tage sich selbst überlassen. Bei einem mehrwöchigen Urlaub sind Sie allerdings auch bei den größten Pflanzgefäßen auf Gießdienste von Nachbarn, Freunden oder auf ein störungssicheres Bewässerungssystem angewiesen.

Preisgünstige Pflanzgefäße im Großformat: Mörtelwannen aus dem Baumarkt ...

Große Pflanzgefäße aus Ton oder Holz sind attraktiv, teuer und schwer. Steht kein Aufzug zur Verfügung, droht beim Hochtragen der zentnerschweren Töpfe gleich doppelte Bruchgefahr: von Ton und Leiste.

Ton- oder Holzimitate aus Plastik sind zwar deutlich leichter, aber immer noch kostspielig. Den Zweck erfüllen ebenso gut 90 und mehr Liter fassende rechteckige und runde Mörtelwannen aus dem Baumarkt, die es oft schon für weniger als 10 Euro pro Stück gibt. Optisch sind sie mit einer flexiblen Beetumrandung aus Holz („vernageltes Rollboard") schnell und effektiv aufgepeppt. Auch die gibt es für deutlich unter 10 Euro im Gartenbaumarkt. Dabei sollten Sie jedoch darauf achten, dass die mit einem Draht verbundenen Beetumrandungslatten mindestens so hoch wie Ihre Mörtelwanne sind, und wählen Sie die optimal zum Umfang Ihrer Wanne passende Länge. „Umwickeln" Sie nun mit der Beetumrandung Ihre Wanne und nageln oder binden Sie die Enden an der verdeckten Rückseite straff zusammen. Nun haben Sie ein großes Pflanzgefäß im Holzfasslook. Und weil die Wanne unten kein Loch hat, müssen Sie auch keine Verschmutzung des Balkonbodens oder der Markise des Nachbarn unter Ihnen durch abfließendes Blumenwasser befürchten.

... richtig befüllen

Der Nachteil eines so großen Pflanzgefäßes ist, dass Sie viel Erde brauchen, um es zu füllen. Wenn Sie für diese Arbeit nicht mehr rüstig genug sind, bitten Sie doch fitte Freunde, Ihnen beim Tragen der Pflanzerde-Säcke zu helfen. Einmal befüllen reicht übrigens für viele Jahre. Lassen Sie das auch Ihren Helfer wissen.

Um das Staunässerisiko zu mindern, sollten Sie den Boden der zum Blumentrog umgewandelten Mörtelwanne mit einer etwa 5 bis 10 Zentimeter dicken Sand- oder feiren Kiesschicht bedecken. Anschließend den Pflanztrog bis etwa 15 Zentimeter unterhalb der Oberkante locker mit Erde auffüllen. Und nun gilt es, die richtigen Pflanzen besorgen.

Jetzt fehlen nur noch: bienenfreundliche Pflanzen

Gärtnereien, Gartencenter und Gartenabteilungen von Baumärkten quellen über vor attraktiven Pflanzen. Aber nicht jede ist für Ihren Topf geeignet. Steht der Topf im Schatten, brauchen Sie andere Arten als für einen Topf in der prallen Sonne. Und nicht jedes topf- beziehungsweise klimageeignete Gewächs kommt Bienen und anderen Insekten entgegen. Viele Blumensorten sind heute auf eine möglichst ansehnliche Optik zulasten ihrer Nektarkapazität gezüchtet. Fragen Sie daher den Fachverkäufer nach geeigneten Alternativen, informieren Sie sich über bienenfreundliche Topfpflanzen (siehe „Literaturempfehlungen und Links", Seite 137 ff.) oder lesen Sie einfach weiter. Immer häufiger verwendete Label wie „bienenfreundlich", „Bienenweide" oder ein ähnliches Attribut erleichtern Ihnen die Auswahl. Eine gute Strategie ist auch, zum Pflanzenkauf bei schönem Wetter in ein Gartencenter zu gehen, das sein Sortiment im Freien anbietet: Blumen, die dort von Bienen, Schwebfliegen und anderen Insekten angeflogen werden, sind vielversprechend. Solche bienenfreundlichen Pflanzen sind beispielsweise:

Goldlack (gelb; Blühzeit: April bis Juni; Standort: sonnig)

Goldkosmos (gelb; Blühzeit: Juni bis September; Standort: sonnig)

Männertreu (blau; Blühzeit: Juni bis Oktober; Standort: sonnig bis halbschattig)

Blaue Fächerblume (blau; Blühzeit: Mai bis zum Frosteinbruch; Standort: sonnig bis halbschattig)

Bienenfreund (blau; Blühzeit: Juni bis zum Frosteinbruch; Standort: sonnig bis halbschattig)

Dahlien (verschiedene Farben; Blühzeit: Juni bis zum Frosteinbruch; Standort: sonnig)

Myrte (pink-rosa; Blühzeit: April bis Oktober; Standort: sonnig bis halbschattig)

verschiedene Lavendelarten (blau; Blühzeit: ab Mitte Juni, manchmal zweite Blüte, wenn man die Pflanze im August zurückschneidet; Standort: sonnig)

verschiedene andere blühende Kräuter wie **Salbei**, **Basilikum** oder **Thymian** (Blühzeit: Sommer; Standort: sonnig). Damit können Sie nicht nur Insekten versorgen, sondern auch mehr Frische und Geschmack auf den Tisch bringen.

Rucola Zeitig ausgesät oder als Jungpflanze ab April ausgebracht, blüht er nahezu den ganzen Sommer mit gelben, Wild- und Honigbienen anziehenden Blüten. Junge Seitentriebe liefern zudem eine köstliche Bereicherung für jeden

Sommersalat Fühlt er sich einmal wohl, sät sich Rucola von selbst aus.

Kaufen Sie pro umfunktionierter Mörtelwanne drei bis sieben verschiedene blühende bienenfreundliche Pflanzen, ziehen Sie diese zu Hause aus dem Plastiktopf und setzen Sie sie gleichmäßig in Ihre vorbereitete Mörtelwanne. Jetzt die Zwischenräume mit Erde bis etwa 5 Zentimeter unter den Wannenrand auffüllen. Gut eingießen ... fertig! Zwischen den Topfpflanzen können Sie ein paar Sonnenblumen-, Tagetes-, Ringelblumen- oder Wildwiesenblumensamen streuen. Mit Ihren gekauften Blühern haben Sie sofort eine kleine Blütenpracht auf dem Balkon und Sie können noch im gleichen Jahr auf blühende ausgesäte Blumen hoffen – sofern Sie die zusätzliche Einsaat bis spätestens Mitte Mai erledigt haben.

Wenn Sie Glück haben, treiben winterharte Pflanzen im nächsten Jahr wieder aus. Wenn nicht, können Sie nach dem Entfernen der alten Pflanzenreste die gleiche Erde neu bepflanzen. Düngen Sie am besten sparsam oder gar nicht. Wildwiesenblumen mögen möglichst magere Böden. Ob Sie spontan wachsende „Unkräuter" belassen oder auszupfen, bleibt Ihnen überlassen. Insekten finden an nahezu jedem Wildblüher Gefallen.

Extratipp: Ein dauerhaft blühendes Balkonien für Faule

Pflanzen Sie möglichst nah an einer Rückwand Ihres Pflanzkübels eine ein- oder mehrjährige Kletterpflanze. Achten Sie dabei aber darauf, eine Art zu wählen, die eine Rankhilfe braucht. Denn Kletterpflanzen, die sich ins Mauerwerk krallen, haben „Füßchen", die sich nur sehr schwer wieder entfernen lassen. Das kann bei Ihrem Auszug problematisch werden oder schon früher, wenn eine entsprechende Pflanze ungefragt zu den Nachbarn herüberwächst. Bei Pflanzen, die auf Rankhilfen angewiesen sind, können Sie mit einem Spalier oder einem gespannten Blumendraht die Richtung des Wachsens selbst bestimmen. Bereits mit ein paar mehrjährigen Kletterpflanzen wie Knöterich oder Waldrebe (*Clematis*) und einem geschickt gespannten Blumendraht haben Sie Ihren gesamten Balkon grün und blühend eingerahmt.

Unkomplizierte, fast das ganze Jahr blühende und von Nektarsaugern geliebte Kletterpflanzen sind beispielsweise:

Knöterich (vieljährig, winterhart, wächst auch im Schatten und Halbschatten, blüht aber nur in der Sonne, dafür von Juni bis September)

Kapuzinerkresse (einjährig, samt jedoch von selbst aus und kommt dann im nächsten Jahr spontan wieder; Blühzeit: Juli bis September; Standort: schattig bis sonnig)

Prunkwinde (einjährig; Blühzeit: Juli bis Oktober; Standort: sonnig)

Waldrebe (Clematis, mehrjährig; Blühzeit: Juni bis September; Standort: schattig bis halbschattig)

dornenfreie Brombeeren (mehrjährig; Blühzeit: Juni bis August; Standort: sonnig bis halbschattig). Brombeeren sind pflegeleicht, mehrjährig und nach der Blüte können Sie und Ihre Insekten auch noch auf süße, schmackhafte Früchte hoffen. Abgestorbene Triebe sollten Sie immer zeitnah kappen. Wenn Sie Ihre insektenfreundlichen Anbauprodukte auch selbst konsumieren möchten, sollten Sie besonders auf hochwertigere, schadstofffreie Pflanzerde achten.

Vor der gewählten Kletterpflanze versenken Sie mehrere einfache, unten gelochte leere Tontöpfe unterschiedlicher Größe bis zum Rand in der Erde. In diese Tontöpfe stellen Sie nun blühende bienenfreundliche Pflanzen (siehe oben) samt Plastiktopf. Da sich die Wurzeln dieser Pflanzen durch die Topflöcher in die Erde darunter, die zudem ein stabiles Feuchtigkeitsreservoir darstellt, ausbreiten können, gedeihen sie erfahrungsgemäß sehr gut. Verblühte Exemplare wechseln Sie einfach durch eine neue Pflanze der gleichen oder einer anderen geeigneten Art aus. Inzwischen gebildete und am Untergrund haftende Wurzelstränge einfach abreißen und den Neuankömmling in dem stets in der Erde verbleibenden Tontopf versenken. Bewässern Sie beim Gießen immer auch gezielt die einzelnen eingegrabenen Tontöpfe.

Manchmal kommen jedoch Pflanzen in den Handel, die prophylaktisch mit Insektiziden benetzt sind. Das könnte Ihren Hotelgästen und anderen Insekten gefährlich werden. Fragen Sie deshalb beim Nachkauf nach unbehandelten Alternativen. Als „bienenfreundlich" angepriesene Pflanzen sollten eigentlich frei von kritischen Insektiziden sein.

Damit die Kletterpflanze vom Hintergrund aus nicht die gesamte Pflanzwanne und ihre Mitgewächse überwuchert, müssen Sie sie gegebenenfalls regelmäßig zurückschneiden und können sie auf diese Weise immer wieder in die gewünschte Wuchsrichtung lenken.

Richtig gießen

Da zum Blumentrog umfunktionierte Mörtelwannen primär gewollt keinen Abfluss haben, müssen Sie aufpassen, dass keine Staunässe entsteht. Steht die Wanne an einer regengeschützten Stelle, ist allein Ihr Gießverhalten dafür verantwortlich. Gießen Sie also lieber zu wenig als zu viel. Zahlreiche Balkonpflanzen ertrinken und nur wenige verdursten. Ein guter Indikator ist ein 5 Millimeter dickes und 50 Zentimeter langes Holzstäbchen, das Sie an einer verdeckten Stelle bis zum Anschlag in die Erde der Wanne treiben. Ziehen Sie den Stab im Sommer vor dem täglichen Gießen heraus. Ist er auf der ganzen Länge trocken (Stadium III), sollten Sie etwas üppiger als am Vortag gießen. Erscheint er leicht feucht oder riecht er nur feucht (Stadium II), gießen Sie die gleiche Menge wie am Vortag. Ist der Indikatorstab hingegen nass (Stadium I), gießen Sie so lange nicht, bis er wieder Stadium II erreicht hat.

Staunässeprävention bei nicht überdachten Balkonen

Ist Ihr Pflanztrog dem Wetter ausgesetzt, erspart Ihnen gelegentlicher leichterer Regen das Gießen. Regnet es jedoch mehrere Tage oder prasselt für eine halbe Stunde ein heftiger Platzregen auf Ihren Balkon, bekommt Ihre unten geschlossene und zum Pflanztrog umfunktionierte Mörtelwanne leicht zu viel Wasser ab. Es entsteht eine über Tage bis Wochen anhaltende Staunässe und das Behältnis läuft womöglich sogar über. Um dem vorzubeugen, können Sie in Ihre Mörtelwanne vor dem Befüllen etwa 5 bis 8 Zentimeter über dem Boden an einer verdeckten Stelle ein möglichst rundes Loch von 1,5 bis

2 Zentimetern Durchmesser schneiden. Fixieren Sie darin ein etwa 10 Zentimeter langes, exakt in das Loch passendes Stück Aquariumschlauch (eventuell müssen Sie es mit einer eng anliegenden Dichtungshülse aus Gummi zusätzlich abdichten), den Sie gut mit Aquariumfilterwatte füllen. Etwa 3 Zentimeter des Schlauches sollten sich außen befinden, der Rest in der Wanne. Sie haben damit ein geeignetes Drainagerohr angebracht, durch das überflüssiges Regenwasser sauber gefiltert abfließen kann.

Insektenmagnet Wasserstelle

Eine dekorative Wasserstelle ist nicht nur ein Insektenmagnet, sondern auch ein attraktiver Blickfang. Sie können dafür als Behältnis ein mittelgroßes Tontopfimitat ohne Abflusslöcher verwenden oder auch eine Mörtelwanne, die Sie mit einer Beetumrandung auf die bereits beschriebene Weise verkleiden (Seite 65). Besorgen Sie sich je nach Größe des

Behältnisses aus dem Gartencenter zwei bis vier blühende Wasser- beziehungsweise Sumpfpflanzen. Diese werden dort meist in einem kleinen Pflanzkorb oder -topf gelagert. Stellen Sie die Pflanzen samt Korb oder Topf in Ihre zum Miniteich umfunktionierte Mörtelwanne. Füllen Sie den Boden mit grobem Kies auf, damit die Pflanzen fixiert und ihre Pflanztöpfe etwas verdeckt sind. Dann die Wanne bis knapp unter den Rand mit Wasser füllen ... fertig. Wenn Sie ein den Wasserspiegel überragendes Wurzelstück in die Wanne legen, können Ihre Insekten besser landen und auch leichter wieder aus dem Wasser herausklettern. Gießen Sie zudem noch einen (zuvor gut mit klarem Wasser gespülten) Eimer Wasser aus einem nahe gelegenen Tümpel in Ihren Miniteich, so stehen die Chancen gut, dass Sie damit Wasserflöhe und andere aquatische Kleinstlebewesen in Ihr Wasserbiotop mit einbringen, die dazu beitragen, es sauber zu halten.

Im Lauf der Zeit werden Ihre Wasserstelle an sonnigen Tagen neben den Insektenhotelbewohnern auch andere Insekten wie etwa Schmetterlinge anfliegen. Mit etwas Glück bekommen Sie sogar regelmäßigen Besuch von schillernden Libellen – und natürlich von durstigen oder badefreudigen Vögeln.

Sollten Stechmücken Ihren Miniteich als Brutstätte entdecken, dauert es meist nicht lang, bis ein paar flugfähige Libellen beziehungsweise deren Larven dem Einhalt gebieten. Wenn Sie Freunde oder Bekannte mit einem Gartenteich haben, können Sie sich vielleicht sogar dort ein paar Raubinsekten wie z. B. Rückenschwimmer oder Wasserläufer und nebenbei vielleicht sogar ein paar Wasserschnecken abfischen. Sollten alle Mückenlarven aus Ihrem Miniteich verspeist sein, müssen solche Raubinsekten nicht verhungern, sie fliegen einfach zur nächsten Wasserstelle.

Die Wasserschnecken vermehren sich selbst in Miniteichen oft erstaunlich schnell. In harten Wintern besteht allerdings die Gefahr, dass das Behältnis bis zum Boden durchfriert, was Ihrer Schneckenpopulation nicht gut bekommt. Bei gemäßigteren Temperaturen sehen Sie Ihre Wasserschnecken wieder, sobald die obere Eisschicht schmilzt.

Gut geeignete, blühfreudige und zudem insektenfreundliche Wasserpflanzen sind z. B. Schwanenblume, Hechtkraut, Froschbiss, oder Brennender Hahnenfuß, die Sie jeweils für wenige Euro im Gartencenter bekommen und die sogar harte Winter selbst in kleinen Behältnissen meist gut überstehen. Weitere Informationen über „Miniteiche für Balkon und Garten" finden Sie in einem guten Fachbuch oder auch im Internet (siehe „Literaturempfehlungen und Links", Seite 137 ff.). Die dort oft empfohlenen Wasserpumpen und -filter sind für einen fischlosen Miniteich unnötig. Das Wasser bleibt auch ohne diese künstlichen Helfer meist erstaunlich sauber und sauerstoffreich. Haben sich darin nach ein bis mehreren Jahren zu viele Falllaub und abgestorbene Pflanzenteile angesammelt, können Sie im Spätherbst einen Wasserwechsel inklusive Kieswäsche durchführen. Dabei sollten Sie einen kleinen Eimer Wasser aus Ihrem Miniteich sichern, um ihn nach der Reinigung als Ausgangsbasis für eine sich wieder aufbauende Mikrofauna in das neu aufbereitete Behältnis zurückzugießen. Wasserflöhe und andere Winzlinge beziehungsweise deren Eier können übrigens sogar einen Winter im Eisblock überstehen.

Die insektenfreundliche Gartengestaltung

Wer einen Garten hat, darf sich glücklich schätzen, denn er hat natürlich ungleich mehr Möglichkeiten für eine insektenfreundliche Gestaltung als jeder Balkonliebhaber. Was Insektenhotels für den Garten anbelangt, so können Sie sich sich fürs Erste natürlich mit den bisher beschriebenen Modellen begnügen und mehrere Varianten in verschiedenen sonnigen Ecken Ihres Gartens platzieren. Alternativ oder zusätzlich sind natürlich auch schrankgroße Ausführungen denkbar. Anregungen und konkrete Bauanleitungen für den Eigenbau von großen Insektenhotels finden Sie im Internet beziehungsweise über die angegebenen Links im hinteren Teil dieses Buches (siehe „Literaturempfehlungen und Links", Seite 137 ff.).

Eine wilde Blumenwiese anlegen

Die Krönung jedes naturfreundlichen Gartens ist eine Wildblumenwiese. Damit bieten Sie nicht nur Ihren Insektenhotelbewohnern, sondern zahllosen weiteren Insekten, Spinnen sowie sonstigen Gliedertieren, Fröschen, Kröten, Spitzmäusen, Igeln und Vögeln eine paradiesische Lebensgrundlage. Je größer desto besser! Doch auch schon ein paar Quadratmeter sind besser als nichts. Eine gelungene Wildblumenwiese erfreut die Tierwelt und natürlich auch das menschliche Auge. Siedeln sich Heuschrecken an, kommt womöglich sogar das Ohr auf seine Kosten. Statt alle ein bis zwei Wochen ist nur ein- bis dreimal im Jahr ein Schnitt nötig und sinnvoll. Wichtigste Voraussetzung für das Gelingen einer solchen wilden Wiese ist natürlich eine sonnige Lage.

Sozialprojekt „Wildblumenwiese"

Wildblumenwiesen sind übrigens nicht nur etwas für private Gartenbesitzer. Sie können ebenso gut in Gemeinschaftsgärten größerer Wohnanlagen angelegt werden und sind dann eine prima Ergänzung zu einer insektenfreundlichen Balkongestaltung. Die Planung, die Gestaltung und der Besuch von Wildblumenwiesen in Gemeinschaftsgärten ist für die Hausbewohner eine gute Gelegenheit, miteinander in Kontakt zu treten und vielleicht weitere Gemeinsamkeiten zu entdecken.

Eine Blumenwiese für Müßiggänger ...

Der einfachste Weg zu einer Wildblumenwiese ist, das Stück Rasen, das man dafür vorsieht, nur noch sporadisch zu mähen und nicht zu düngen. Denn die meisten Wildblumen mögen es mager. Ein paar bunte Blumen dürften spontan kommen und es werden im Lauf der Jahre immer mehr. Dabei können Sie aber auch nachhelfen, indem Sie ein paar Stellen aufharken und dort Blumenwiesensamen aussäen, die Sie im Bioladen oder Gartenfachhandel bekommen. Und Sie können jedes Jahr ein bisschen nachsäen ... Außerdem bietet es sich an, bei Spaziergängen und Wanderungen in Spätsommer und Herbst den einen oder anderen Samen attraktiver Wildblumen zu ernten, um ihn in die eigene Wiese einzubringen. Achten Sie beim Kauf von Wildblumensamenmischungen auf heimische Sorten. Denn so manche unserer Wildbienen ist ein Nahrungsspezialist, der die Kelche nicht heimischer Pflanzen verweigert.

... und eine für Fleißige

Wollen Sie sich aber möglichst schnell an einer bunten Wildblumenwiese erfreuen, so ist der Anfangsaufwand etwas größer. Tragen Sie auf der vorgesehenen Fläche das Gras ab und brechen Sie den Untergrund mit einer Fräse oder Harke auf. Doch nicht jede Wildblumenmischung eignet sich für jeden Untergrund. Hilfreiche Tipps zum Anlegen einer Wildblumenwiese finden Sie unter „Literaturempfehlungen und Links" (siehe Seite 137 ff.).

Vor dem Aussäen sollten Sie das Saatgut (siehe „Literaturempfehlungen und Links", Seite 137 ff.) im Verhältnis 1 zu 2 mit Sand mischen und mit der Hand gleichmäßig auf die vorbereitete Fläche auswerfen. Danach das Ganze einrechen und festwalzen. Haben Sie keine Gartenwalze, tun es auch ein paar Bretter. Diese legen Sie einfach auf die besäte Erde und gehen oder laufen darüber. Da die meisten Wildblumen sogenannte Lichtkeimer sind (Diese benötigen zum Keimen neben Wasser, Sauerstoff und Wärme auch Licht.), ist es wenig sinnvoll, die Samen tiefer als 2 Zentimeter in den Boden einzubringen. Die günstigste Aussaatzeit ist März bis Mai. In den ersten drei Wochen sollten Sie die Saatfläche an trockenen Tagen zusätzlich vorsichtig bewässern.

Gemäht werden Wildblumenwiesen ein- bis höchstens dreimal im Jahr, am besten wenn ein Großteil der Blumen bereits verblüht ist und Samen gebildet hat. Um die kleine Wiesentierwelt zu schonen und die spontane Selbstaussaat für das nächste Jahr zu fördern, mähen Sie am besten mit einer Sense (Übung macht auch hier den Meister!) und lassen den Schnitt zwei bis drei Tage liegen, bevor Sie ihn zusammenrechen. Wenn Ihre Kinder oder Enkel oder die von Bekannten Meerschweinchen oder Zwerghasen haben, bietet es sich an, den Schnitt für die Tiere zu einem gesunden Heu zu trocknen.

Bäume und Sträucher, die Insekten einladen

Obstbäume, -büsche und -sträucher oder auch Heckenobst wie Himbeeren und Brombeeren sorgen im Frühjahr für ein farbenprächtiges Blütenmeer und bieten dabei zahllosen Bienen, Hummeln und anderen Insekten Nahrung. Im Sommer, Spätsommer und Herbst können wir Menschen uns dann an den Früchten laben. Die eine oder andere übersehene und dann an Baum oder Strauch verrottende Frucht ist wiederum Insekten- und bis in den Winter hinein auch Vogelnahrung. Obstgewächse sind wahre Multitalente und sollten deshalb auch in keinem noch so kleinen Gärtchen fehlen. Eine besondere Alternative für kleine Gärten sind die im Handel zunehmend angebotenen Zwergobstbäume, die übrigens sogar in Pflanzkübeln für Balkon und Terrasse gedeihen.

Neben Obstgewächsen gibt es natürlich auch noch zahlreiche andere und zu unterschiedlichen Zeiten bis in den Herbst

„Unkraut" – ein Insektenmagnet

Wahre Insektenmagneten sind die weißen Blüten-
stände von Doldenblütlern wie Wiesenbärenklau und
Engelwurz. An einem warmen Sommertag finden sich
hier unzählige Honig- und Wildbienen, Falten- und
Schlupfwespen, Schwebfliegen sowie unterschiedlichste Käfer, darunter besonders der große, grün
schillernde Rosenkäfer ein. Lassen Sie doch ein oder
zwei dieser oft mannshohen, spontan auftauchenden
„Unkräuter" in einer sonnigen Ecke Ihres Gartens stehen. Wenn Sie die verblühten Stängel bis zum nächsten Frühjahr belassen, bieten Sie zudem einigen Wildbienenarten, die senkrechte Niströhren bevorzugen,
eine gute Kinderstube. Kommt spontan kein Dolden-
blütler in Ihren Garten, halten Sie im Spätsommer an
einem Wiesenrain, einem Bahndamm oder auf sons-
tigem Brachland nach einer verblühten Pflanze Aus-
schau und sammeln ein paar Samen, die Sie in Ihrem
Garten ausstreuen. Alternativ können Sie aber auch
Dill- oder Anissamen aus dem Gartencenter nehmen.

hinein blühende Sträucher, mit denen Sie Bienen, Hummeln,
Schwebfliegen und Schmetterlinge in Ihren Garten locken.
Klassiker sind pflegeleichte Sommerflieder. Doch sie sind kei-
ne heimische Pflanzenart und so kommen ihre Blätter als
Raupenfutter für heimische Schmetterlinge nicht infrage.

Pflanzen Sie statt einer fantasielosen Thujahecke zum Wohl von Heckenbrütern, Kleinsäugern, Eidechsen, Schmetterlingen, Bienen & Co. besser eine gemischte Hecke mit einheimischen Pflanzen wie Sand- und Schlehdorn, Faulbaum, einheimischem Liguster, Wildapfel, Pfaffenhut und Blauer Hechtrose. Lassen Sie sich in einer Gärtnerei oder Baumschule beraten, welche insektenfreundlichen Sorten zusammenpassen und welche für Ihre Standortverhältnisse ideal sind. Nicht zuletzt sollten Sie auch den Pflegeaufwand und die notwendige Schnittfrequenz in Ihre Überlegungen mit einbeziehen.

Wasserstellen im Garten

Mehr noch als auf dem Balkon ist eine Wasserstelle im Garten ein Kleintiermagnet. Während auf dem Balkon nur geflügelte Besucher zu erwarten sind, können Sie im Garten mit einer weit größeren Artenvielfalt rechnen. Sofern Ihr Garten naturnah gelegen ist beziehungsweise von zahlreichen anderen Gärten umgeben ist, siedeln sich in geeigneten Wasserstellen vielleicht sogar ein paar Molche und Frösche an; am wahrscheinlichsten Grasfrösche, die übrigens kaum hörbar quaken.

Wer groß einsteigen will, kann auch einen Gartenteich anlegen (lassen). Wannenmodelle sind einfacher in der Handhabung und lassen sich weniger störanfällig installieren als die beliebig großen Teichfolienvarianten. Anleitungen und hilfreiche Tipps zum Gartenteichbau finden Sie in einem guten Fachbuch oder im Internet (siehe „Literaturempfehlungen und Links", Seite 137 ff.).

Eine stellenweise Mindesttiefe von 80 Zentimetern garantiert üblicherweise, dass der Teich nie ganz durchfriert. Fische,

Lurche sowie Wasserinsekten und -schnecken können darin den Winter gut überstehen. Durch das Eis ragende Pflanzenstängel begünstigen den Gasaustausch im Winterteich und sollten deshalb bis zum Frühjahr belassen werden.

Als einfachst umzusetzende Billigversion bietet sich auch für den Garten wieder eine zum Miniteich umfunktionierte große Mörtelwanne an. Die Bestückung ist die gleiche wie die, die Sie bereits beim Balkonmodell kennengelernt haben (siehe „Insektenmagnet Wasserstelle", Seite 74 ff.). Statt den Miniteich mit einer Beetumrandung zu umkleiden, können Sie ihn im Garten natürlich auch bündig im Boden versenken und den Rand mit schönen großen Kieselsteinen verkleiden. Bei im Boden versenkten Wannen bestehen sehr gute Chancen, dass sie in milderen Wintern nicht ganz bis zum Grund gefrieren und damit unter anderem Libellenlarven, die zwei Jahre unter Wasser heranwachsen müssen, das Überleben ermöglichen.

Achtung: Bedenken Sie, dass Kleinkinder selbst in einer tieferen Pfütze ertrinken können. Leben Kleinkinder in Ihrem Haushalt oder kommen öfter welche in Ihren Garten zu Besuch, sollten Sie die Kinder nie ohne Aufsicht in Teichnähe lassen oder den Teich mit einem grobmaschigen, stabilen Baugitter abdecken, das sich fest verankern lässt (z. B. indem Sie auf jede der vier Ecken einen schweren Naturstein legen). Sumpfpflanzen können so problemlos durch das Gitter nach oben wachsen. Insekten, Vögel und andere Kleintiere kommen leicht ans Wasser heran, während selbst Krabbelkinder sicher vor dem Ertrinken geschützt sind. Wenn Sie den Gitteraufwand scheuen, beschränken Sie sich einfach auf eine Vogeltränke. Auch die wird gern von Insekten angeflogen.

Kompostecken: Kost und Logis für Insekten, Igel & Co.

Jeder Garten bietet Platz für ein paar „Moderecken". Bringen Sie nicht gleich jeden Reisighaufen zur Grünschnitt-Sammelstelle, sondern lassen Sie ihn an einer versteckten Stelle in Ihrem Garten einfach liegen. Bis er von selbst vermodert, bietet er zahlreichen kleinen Wirbeltieren wie Spitzmäusen, Igeln, Eidechsen, Blindschleichen, Froschlurchen und natürlichen zahllosen Insekten eine gute Ess- und Wohnstube. Auch ein Holzstoß, der im Garten vor sich hin rotten darf, ist ein unersetzliches spontanes Insekten- und Kleintierhotel. Ideal wäre es, wenn Sie zwei solcher sich selbst überlassener Holzstöße haben: Einen in einer eher feuchten, schattigen Ecke und einen in der prallen Sonne. Setzen Sie sich an einem warmen Tag doch einfach mal mit einem Stuhl ruhig daneben und wundern Sie sich, was da alles kreucht und fleucht ... Es ist lebendige Natur pur, nicht nur für das Auge gedacht, sondern auch ein Ohrenschmaus und für die Seele unglaublich beruhigend!

Sollte ein Baum in Ihrem Garten dran glauben müssen, z. B. weil er morsch ist oder keine Früchte mehr trägt, könnten Sie ja den Hauptstamm bis zu zwei Meter hoch stehen lassen. Auch er bietet in verschiedenen Verrottungsphasen unterschiedlichen Insekten Nahrung und Unterschlupf. Das erkennen Sie überzeugend am regen Besuch von Spechten, die sich irgendwann einfinden werden, um Insekten und anderes Kleingetier wie Asseln und Spinnen aus ihren Verstecken zu züngeln. Dabei nimmt der Specht nicht nur, er gibt auch. Beispielsweise indem er Löcher ins Holz hämmert, die wiederum zur Wohnstätte unterschiedlichster Insekten werden, die zu einem solchen Bau selbst nicht in der Lage wären. Und nicht zuletzt ist ein Baumstumpf an einer sonnigen, windgeschützten Stelle ein idealer Stand- beziehungsweise Aufhängeort für ein kleineres bis mittelgroßes Insektenhotel.

Die Trockenmauer

Ein höchst attraktiver Blickfang in jedem Garten ist eine an sonniger Stelle platzierte Trockenmauer. Sie zieht mit ihren Pflanzen und Nischen wärmeliebende Insekten und Eidechsen an. Schon ein paar aufeinandergeschichtete Natursteine sind besser als nichts. Sie können aber auch ein großes Refugium von dem Gartenbaubetrieb in Ihrer Nähe anlegen lassen oder versuchen, selbst eine naturnahe Trockenmauer zu gestalten. Anleitungen und hilfreiche Tipps zum Bau einer Trockenmauer finden Sie im Internet oder in einem guten Fachbuch (siehe „Literaturempfehlungen und Links", Seite 137 ff.).

Wie schon bei der Blumenwiese gilt auch hier: Das meiste, was in diesem Buch an insektenfreundlichen Gestaltungsmöglichkeiten für den Privatgarten empfohlen wurde, können Sie natürlich auch in Gemeinschaftsgärten von Mehrfamilienhäusern umsetzen. Sie müssen nur die Miteigentümer/-bewohner davon überzeugen. Wenn Sie sich das selbst nicht zutrauen, hilft Ihnen dabei sicherlich gern ein versierter Vertreter Ihres *BUND Naturschutz e. V.*-Ortsverbandes (siehe „Literaturempfehlungen und Links", Seite 137 ff.). Von Gartenteichen ist im frei zugänglichen Gemeinschaftsgarten aus Sicherheitsgründen sowie zum Haftungsausschluss aber eher abzuraten. Eine Alternative sind eine bis mehrere Vogeltränken, die dann allerdings auch regelmäßig befüllt werden sollten.

Die Terrasse – Lebensraum für Insekten

Als Terrassenbesitzer können Sie zunächst alles umsetzen, was hier für Balkone an insektenfreundlicher Gestaltung empfohlen wurde (siehe „Balkonien – von der Betonwüste zur grünen Oase", Seite 63 ff.). Ob das größere Platzangebot Ihrer Terrasse auch den Insekten zugutekommt, das liegt natürlich ganz bei Ihnen. Schließt sich an Ihre Terrasse ein Garten an, können Sie im Übergangsbereich vielleicht auch noch ein paar der Gartentipps umsetzen (siehe „Die insektenfreundliche Gartengestaltung", Seite 77 ff.). Ist der Garten Gemeinschaftseigentum, brauchen Sie für eine insektenfreundliche Umgestaltung natürlich das Einverständnis der Miteigentümer. Gegen eine kleinere Trockenmauer oder einen attraktiv geschichteten, dezenten Totholzstapel dürften aber die wenigsten Einwände haben.

Verzichten Sie auf Spritzmittel!

Wollen Sie in Ihrem Garten, auf dem Balkon oder der Terrasse nicht allein bleiben? Fühlen Sie sich in Gesellschaft wohler? Dann heißen Sie Insekten willkommen ... und verzichten Sie grundsätzlich auf Spritzmittel. Ein

Schädlingsbefall regelt sich jenseits von Monokulturen meist von selbst. Insbesondere Blattläuse werden rasch von Marienkäfern und Marienkäferlarven sowie von Schweb- und Florfliegenlarven vertilgt. Und zwischenzeitlich bieten Blattläuse mit ihren zuckerhaltigen Absonderungen, dem sogenannten Honigtau, nicht zuletzt Bienen eine willkommene Nahrungsalternative. Schwebfliegenlarven sehen aus wie kleine grüne Raupen oder aufgrund ihres spitz zulaufenden vorderen Kopfbereiches eher wie grüne Fliegenmaden. Haben sich Blattläuse vermehrt, dauert es nicht lange, bis Schwebfliegen ihre Eier an eine befallene Pflanze heften. Die daraus schlüpfenden kleinen Larven beißen sich jeweils an einer Blattlaus fest und saugen diese aus. Das dauert erst einmal mehrere Stunden. Aber je mehr Schwebfliegenlarven innerhalb weniger Tage wachsen, umso mehr Blattläuse saugen sie aus. In der Erde, um die befallene Pflanze herum, häufen sich dann die leeren Blattlaushüllen, während die Schädlingspopulation auf dem Gewächs stetig abnimmt. Wer in dieser Situation mit einem Insektenvernichtungsmittel eingreift, tötet nicht nur die Blattläuse, sondern auch die Schwebfliegenlarven und andere Blattlaus fressende Nützlinge. Im weiteren Verlauf kehren die Blattläuse dann oft schneller zurück als die Nützlinge und die Spritzmaßnahme hat letztendlich mehr geschadet als genützt.

Nächtliche Lichtverschmutzung

Solarleuchten werden inzwischen sogar im Baumarkt und das zu einem Spottpreis angeboten. Balkone sind meist ohnehin von so vielen künstlichen Lichtquellen umgeben, dass es auf ein paar Solarlampen auch nicht mehr ankommt. Einen bislang eher nachtdunklen und damit insektenfreundlichen Garten sollten Sie aber nicht unnötig mit solchen neuartigen Lichtquellen kontaminieren. Licht irritiert viele Fluginsekten, wie man unschwer an ihren sommerlichen Ansammlungen um Lampen jeder Art erkennen kann. Auch gibt es Hinweise, dass Glühwürmchen sich im belichteten Nachtgarten nicht mehr in ausreichender Zahl zur Paarung finden. Ihre fluoreszierenden Lichtsignale verlieren sich im Kunstlichtschein.

Neueren Untersuchungen zufolge werden sogar manche Pflanzen, die auf Nachtbestäuber angewiesen sind, unter Kunstlichteinfluss nicht mehr ausreichend angeflogen, um die Vermehrung weiterhin zu sichern. Und mit diesen Pflanzen nimmt dann auch die Zahl darauf spezialisierter Insekten ab, womit eine weitere Spirale zur Ausdünnung des Artenreichtums unserer Natur ihren Lauf nimmt.

Wenn Sie trotz alledem unbedingt eine Lichtkulisse in Ihrem Garten haben wollen, tun Sie's „in Baumarkts Namen". Wenn Ihnen aber die Steingartenleuchten & Co. gar nicht so gefallen und Sie diese nur haben, weil sie gerade im Sonderangebot waren oder Ihnen geschenkt wurden, sollten Sie über ein finales „Off" nachdenken. Mehr Informationen zum Thema „nächtliche Lichtverschmutzung" finden Sie unter „Literaturempfehlungen und Links" (siehe Seite 137 ff.).

Die Hotelgäste

Mit welchen Besuchern dürfen Sie wann in Ihrem neu aufgestellten oder aufgehängten Insektenhotel rechnen? Ihre Unterkunft steht in der freien Natur und ist deshalb immer für
Überraschungen gut. Alle potenziellen Bewohner aufzuzäh-
len und kurz zu beschreiben, würde den Rahmen dieses Buches sprengen. Es kann deshalb gut sein, dass der eine oder
andere Ihrer Gäste im Folgenden nicht genannt wird. Zudem
ist es möglich, dass Sie selbst einen hier eher als häufig beschriebenen Gast in Ihrem Hotel nie zu Gesicht bekommen.
Entweder, weil er tatsächlich nie da war oder aber immer nur
dann da ist, wenn Sie gerade nicht hinschauen. Zudem gilt es
zu berücksichtigen, dass nicht jedes Insekt, das sich Ihr Hotel
von außen anschaut, auch wirklich in Ihrer neuen Unterkunft
absteigen will. So manche Fliege oder der eine und andere
Schmetterling sucht vielleicht nur ein sonniges Plätzchen zum
Aufwärmen und ist dabei eben rein zufällig auf Ihrem Hotel
gelandet.

Krabbeln Wildbienen oder andere Insekten aber rege auf
Ihrem Hotel herum und kriechen dabei in die eine oder andere Höhlung, findet mit hoher Wahrscheinlichkeit zumindest
eine erste interessierte Besichtigung statt und Sie dürfen
schon bald mit den ersten bleibenden Gästen rechnen.
Kommt ein gleich aussehendes Tier immer wieder zum glei-

chen Loch, ist mit hoher Wahrscheinlichkeit bereits ein Nestbau im Gange. Oder es handelt sich dabei einen Sechsbeiner,
der sich für das Nest eines anderen interessiert.

Im Folgenden möchte ich Ihnen einige der meiner Erfahrung nach häufigsten Hotelbewohner vorstellen:

Wildbienen

Des Insektenhoteliers liebster Gast – zumindest am Anfang – ist die Wildbiene. Denn ganz anders als etwa Stechmücken oder Schaben sind Bienen Sympathieträger Nummer eins im Insektenreich. Das hat natürlich zum einen damit zu tun, dass insbesondere die Honigbiene neben dem Seidenspinner mit seinen Seidenraupen als einziges Insekt vom Menschen „domestiziert" wurde. Schon seit vielen Jahrtausenden liefert sie uns Honig und trägt außerdem maßgeblich zur Befruchtung unserer Obst- und Gemüsepflanzen bei. Zum anderen – und das, weil sie uns so nützlich war und immer noch ist – gibt es natürlich unzählige Kinderlieder, -reime und -geschichten, in denen Bienen durchweg positiv dargestellt werden. Man denke nur an die fleißige Biene Maja.

Honigbienen dürften Ihnen zwar häufig auf den Blüten Ihrer Garten-, Terrassen- oder Balkonpflanzen begegnen, in Ihr Insektenhotel werden sie jedoch nicht einziehen. Als große Staaten bildende Insekten brauchen sie sehr große Hohlräume und ein Honigbienenvolk auf dem eigenen Balkon zu beherbergen wäre ohnehin nicht jedermanns Sache.

Die Honigbiene ist jedoch nur eine von über 500 Bienenarten, die es in Mitteleuropa gibt. Und die weitaus meisten anderen Bienenarten, die in Abgrenzung zur Honigbiene als „Wildbienen" bezeichnet werden, leben im Gegensatz zu ihr solitär, also nicht in Staaten und damit auch nicht arbeitsteilig. Bei ihnen gibt es keine Königinnen und keine Arbeiterinnen, sondern nur Männchen und Weibchen, die exklusiv für ihren jeweils eigenen Nachwuchs sorgen. Die bekannteste

Ausnahme mit Königin und Staat unter den Wildbienen sind die Hummeln, sofern man sie dazu zählt. Solitärbienen und auch die meisten Hummelarten sind extrem aggressionsarm und stechen praktisch nie. Bei kleineren Solitärbienen ist der Stachel zudem zu schwach, um die menschliche Haut zu durchdringen.

Für die menschliche Honiggewinnung haben Wildbienen keine Bedeutung, als Bestäuber von Obst- und Gemüseblüten dafür umso mehr. Insbesondere dort, wo die Honigbiene mangels Imkereibetrieben oder aufgrund von Seuchen rar wird, sind Wildbienen für Landwirtschaft und Gartenbau essenziell und werden deshalb oft gezielt in Kulturen und Gewächshäusern angesiedelt. Gefragt sind etwa Mauerbienen. Und genau die werden höchstwahrscheinlich auch Ihr Insektenhotel dominieren.

Die Rote Mauerbiene (*Osmia bicornis*)

Die Rote Mauerbiene – oder, um ihrem lateinischen Namen gerechter zu werden, auch Zweihörnige Mauerbiene genannt – ist bei uns die bekannteste Wildbienenart. In etwa knapp

so groß wie die Arbeiterin der Honigbiene, hat die Rote Mauerbiene eine dunkle Chitinhaut, die von einem hellbraunen bis bronzeroten Pelz bedeckt ist. Der durchschimmernde Brustpanzer ist wie der Kopf eher dunkel gefärbt. Primär an Waldrändern, auf Halbtrockenrasen und Streuobstwiesen zu Hause, ist sie häufig auch in städtischen Park- und Gartenanlagen anzutreffen. Bieten Balkone oder Terrassen blühendes Futter und/oder Nistgelegenheiten, befliegt sie die nicht auf ein bestimmtes Pflanzenspektrum angewiesene Wildbiene ebenfalls gern.

Rote Mauerbienen nisten von Natur aus in Totholz-Fraß-gängen und hohlen Pflanzenstängeln, nehmen aber dankbar und unkritisch auch jedes von Menschenhand gebohrte beziehungsweise zur Verfügung gestellte Loch im Durchmesser von 5 bis 9 Millimetern, am liebsten von 6 bis 7 Millimetern, an. Nahezu jede Gangnisthilfe dieser Größe, die Sie in Ihrem Hotel anbieten, ob in Lehm, Holz oder Gasbetonstein, ob als Bambus-, Schilf- oder sonstiges Pflanzenrohr, kommt für die Rote Mauerbiene infrage.

Sofern sie Ihr Hotel bis dahin entdeckt haben, machen diese verbreiteten Wildbienen bereits ab Mitte März waagrechte Löcher und Hohlstängel zu Bruträhren. Je nach verfügbarer Länge dieser Röhren werden bis zu 30 hintereinanderliegende Brutkammern angelegt. Die weibliche Biene beginnt hinten mit der ersten Kammer, deponiert als Proviant etwas mit Nektar verklumpten Pollen und legt ihr erstes Ei dazu. Dann verschließt sie die Kammer und wiederholt im Anschluss die gleiche Prozedur ... bis die gesamte Niströhre besetzt ist. Als Barriere zur Außenwelt wird die letzte Kammer mit einer besonders dicken Schicht „Mörtel" verschlossen.

Während die Elterngeneration bis Juni stirbt, reift in den Nisthöhlen die neue Mauerbienengeneration heran. Die Nachwuchsbienen verbringen ihr gesamtes Larven- und Puppenstadium in ihren winzigen Einzelzimmern. Schon etwa vier Wochen nach dem Schlüpfen hat die Larve ihren Proviant restlos vertilgt und ist dabei ordentlich gewachsen. Sie verpuppt sich und liegt ab August bereits als fertige Biene im Kokon. Den Rest des Sommerhalbjahres und den gesamten Winter ruht sie, um von den ersten warmen Sonnenstrahlen des Frühjahrs geweckt zu werden. Die Mutterbiene hat es so eingerichtet, dass die Männchen in den äußeren Kammern liegen, sodass sie im März als erste ausfliegen. Geben sich dann auch die Weibchen die Ehre, beginnt der Hochzeitsflug inklusive Paarung und das oben beschriebene Prozedere beginnt wieder von vorn.

In Ihrem Insektenhotel rührt sich dann allerdings deutlich mehr als im ersten Frühjahr. Denn musste damals das neue Hotel erst von einer einzelnen Biene gefunden werden, ist nun deren gesamte vervielfältigte Nachkommenschaft vor Ort und besetzt mit etwas Glück schon jetzt Ihr Hotel bis auf das letzte passende Loch. Und in den Folgejahren geht das Wachstum rasant weiter.

Der rege Flugverkehr darf Sie aber nicht zu der Annahme verleiten, es handele sich hier doch irgendwie um einen Insektenstaat. Jede weibliche Biene sorgt allein für ihr eigenes Nest. Es gibt deshalb auch keine gemeinschaftliche Verteidigung. Und da sie als Einzelkämpfer ohnehin nichts gegen einen großen Feind erreichen können, ist die Abwehr tatsächlicher oder vermeintlicher großer Feinde im genetischen Verhaltensprogramm von Mauer- und anderen Solitärbienen gar nicht vorgesehen. Dies ist eine wesentliche Erklärung dafür, dass sie auch Menschen selbst nah am Nest praktisch nie angreifen.

Die Gehörnte Mauerbiene (*Osmia cornuta*)

Die ebenfalls bereits im März auf Suche nach einem Nistplatz gehende und bis Juni fliegende Gehörnte Mauerbiene sieht der Roten Mauerbiene ähnlich, doch sind die Weibchen etwas größer als ihre Cousinen. Namensgebend sind zwei kleine  versteckte Hörnchen am Kopf der Weibchen, über die die Rote Mauerbiene allerdings ebenfalls verfügt. Auch im Nist- und Brutpflegeverhalten ähneln sich die beiden Arten, wobei für die etwas größere Gehörnte Mauerbiene ein Gangdurchmesser von 7 bis 9 Millimetern ideal ist. Allerdings liebt sie den Neubezug. Während die Rote Mauerbiene gern die Bruströhren der Vorjahre wieder verwendet, nistet die Gehörnte Mauerbiene lieber in bislang unbewohnten Röhren. Ob Sie deshalb jedes Jahr ein paar Bambus- oder Schilfröhren in Ihrem Hotel auswechseln sollten, das ist Ansichtssache und oft wohl auch vergebliche oder überflüssige Liebesmüh.

Die Blaue Mauerbiene (*Osmia caerulescens*)

Bei der 8 bis 10 Millimeter großen Blauen Mauerbiene besteht ein deutlicher Unterschied zwischen den Geschlechtern. Während Weibchen eine weißgraue Behaarung über einem blau schillernden Körper aufweisen, sind die etwas kleineren Männchen stark rötlich braun behaart und werden deshalb manchmal mit den beiden vorgenannten Arten verwechselt. Lebensweise und Nistverhalten sind wiederum

ähnlich wie bei der Roten Mauerbiene. Da die Blaue Mauerbiene allerdings oft mit zwei Generationen im Jahr fliegt, kann sie manchmal von März bis in den Herbst am Insektenhotel angetroffen werden. Sie bevorzugt Niströhren mit einem Gangdurchmesser von um die 5 Millimeter. Ihre ebenfalls hintereinander angeordneten Brutkammern dichtet sie aber nicht mit einem Speichel-Lehm-Gemisch, sondern mit zerkauten Pflanzen- und Blütenblätter ab. Sie können also manchmal von außen auch anhand der Art des Gangverschlusses abschätzen, wer im Inneren des Brutgangs heranwächst.

Die Gemeine Blattschneiderbiene
(*Megachile versicolor*)

Das Wort gemein steht in Zoologie und Botanik nicht etwa für „fies", sondern vielmehr für „gewöhnlich" und beschreibt damit z. B. eine dominierende, besonders verbreitete Art innerhalb einer Gattung oder Fa-

milie. Die rund 10 Millimeter große Gemeine Blattschneiderbiene ist also eine der häufiger bei uns vorkommenden Blattschneiderbienen. Sie hat auf dunklem Chitin einen beige-braunen Rückenpelz. Anders als Bienen, die ihre gesammelten Pollen an den Hinterbeinen transportieren, wird der gesammelte Pollen bei der Gemeinen Blatt-schneiderbiene an der stark behaarten Unterseite des Hinter-leibs angelagert und transportiert. Je nach Farbe des trans-portierten Pollens, erscheint ihr Hinterleib deshalb von unten und von der Seite in einer anderen Färbung. Falls die Gemei-ne Blattschneiderbiene Ihr Insektenhotel als Nistgelegenheit annimmt, taucht sie dort zwischen Mai und Mtte August auf. Manchmal fliegt eine zweite Generation bis weit in den Sep-tember hinein. Sie bevorzugt Nistgänge mit 6 bis 8 Millime-tern Durchmesser, wobei sie die hintereinander angelegten Brutzellen mit Blattstückchen auskleidet, mit Proviant aus Pollen und Nektar bestückt und nach der Ablage eines Eis ver-schließt. Der geschlüpfte Nachwuchs fliegt entweder noch im gleichen Jahr aus oder überwintert als Larve, um erst im nächsten Frühjahr zum fertigen Insekt heranzureifen.

Die Totholz-Blattschneiderbiene
(*Megachile willughbiella*)

Wenn dieser Gast in Ihr Insektenhotel einzieht, kommt er zu einer Zeit, in der von der Roten Mauerbiene und anderen Frühfliegern nichts mehr zu sehen ist. Diese Biene tritt von Juni bis September auf und manchmal erscheint im August eine zweite Generation. Die 12 bis 16 Millimeter große bei-ge-braun behaarte Totholz-Blattschneiderbiene nistet na-mensgebend von Natur aus in morschem Totholz, wo sie gern bestehende Fraßgänge, etwa die von Käfern, nutzt. Sie nimmt aber oft auch Löcher von Insektenhotels in Beschlag, sofern diese groß genug sind. Der in den Nistkammern mit Pollen-Nektar-Proviant versorgte Nachwuchs überwintert als Larve und wandelt sich im Frühling zum Vollinsekt, das von Ende Mai bis Anfang Juni ausfliegt.

Neben den beiden hier vorgestellten Blattschneiderbienen gibt es in Deutschland noch mindestens zehn weitere  Blattschneiderbienenarten. Ihnen allen gemeinsam ist, dass sie ihre Zellen mit gerollten Blattstücken auskleiden und auch die einzelnen Zellen mit Blattstücken verschließen. Während es für den Laien oft schwierig ist, die einzelnen Wildbienen auseinanderzuhalten, hilft zur Unterscheidung – wie bereits erwähnt – oft auch das Baumaterial weiter, das sie für den Verschluss Ihrer Gangnisthilfen verwenden. Die Fraßstellen an Blättern, die die Blattschneiderbienen anrichten, sind viel zu klein, als dass eine betroffene Pflanze davon Schaden nehmen könnte.

Die Hahnenfuß-Scherenbiene (*Chelostoma florisomne*)

Während die bisher beschriebenen solitären Wildbienen im  Aussehen oberflächlich betrachtet Ähnlichkeiten zur staatenbildenden Honigbiene aufweisen, könnte man als Laie die Hahnenfuß-Scherenbiene eher den Weg- und Grabwespen zuordnen. Die

7 bis 11 Millimeter große, schlanke, schwarze Biene hat seitlich am Hinterleib einen gelben Pelzsaum. Kommt sie von Mai bis Mitte Juli in Ihr Insektenhotel, besetzt sie bevorzugt Gangnisthilfen mit einem Durchmesser von 3 bis 5 Millimetern, in die sie in bekannter Manier ihre Brutzellen anlegt. Offensichtlich gibt es einen Zusammenhang zwischen Gangdurchmesser und Geschlechtsentwicklung. Denn in engeren Gängen entstehen mehr Männchen als in weiteren. Womöglich hängt das damit zusammen, dass geräumigere Aufzuchtkammern größere Proviantdepots zulassen. Die Hahnenfuß-Scherenbiene ist auf Hahnenfußgewächse als Futterpflanze angewiesen und tritt deshalb nur in Nähe eines solchen Nahrungsangebots auf.

Die Maskenbienen (*Hylaeus*-Arten)

Unter der Bezeichnung „Maskenbienen" wird eine Wildbienengattung zusammengefasst, die in Mitteleuropa 45 oft nur schwer voneinander zu unterscheidende Arten umfasst. Ty-

pisch für diese 3,5 bis 10 Millimeter großen, schlanken, dunklen Bienen ist eine vor allem bei den Männchen ausgeprägte helle Gesichtsmaske. Maskenbienen können von Juni bis August am Insektenhotel erscheinen und nehmen dann unterschiedlichste Loch- und Röhrenangebote als Nistgelegenheit an. Der Nachwuchs überwintert als Larve. Zellwände und Verschluss der Brutkammern errichten Maskenbienen ähnlich wie Seidenbienen aus körpereigenen Sekreten, die an der Luft zu einem seidenartigen Gespinst erstarren.

Die Gemeine Seidenbiene (*Colletes daviesanus*)

In Mitteleuropa sind 21 Seidenbienenarten bekannt. Als Insektenhotelgast können Sie aber überwiegend mit der Ge-

meinen Seidenbiene rechnen. Das 7 bis 9 Millimeter große Insekt kann auf den ersten Blick leicht mit einer kleinen Honigbiene verwechselt werden. Sie fliegt von Anfang Juni bis Mitte August und bevorzugt Nistganghilfen in gebranntem Ton oder getrocknetem Lehm. Dort bezieht sie gern vorgefertigte Löcher, kann aber auch selbst welche graben. Einmal genutzte Behausungen werden von den Folgegenerationen wieder benistet, wobei die Gemeine Seidenbiene die gebrauchten Nisthöhlen vorab oft ausgiebig reinigt und renoviert.

Die Gemeine Löcherbiene (*Heriades truncorum*)

Die gern auf Margariten- und anderen Korbblütlerblüten an-

zutreffende Gemeine Löcherbiene fliegt von Juni bis Oktober und kommt auch als später Gast im Insektenhotel infrage. Die 6 bis 8 Millimeter große dunkle Wildbiene nimmt gern Nisthilfen aller

Art mit Lochdurchmessern von 3 bis 4 Millimetern an. Ihre ebenfalls aneinandergereihten Brutkammern trennt sie mit Baumharz ab. Der Pfropfen, der den Röhreneingang verschließt, besteht aus einem Gemisch aus Harz und kleinen Sandkörnern. Oft besiedelt die Gemeine Löcherbiene auch verlassene Brutgänge von Mauerbienen. Das erkennen Sie daran, dass vom Lehmverschluss der Mauerbienen noch ein Rand steht, im Zentrum des Verschlusses aber ein Harz-Steinchen-Gemisch zu sehen ist.

Die Große Wollbiene (*Anthidium manicatum*)

Auf den ersten Blick sieht die 12 Millimeter (Weibchen) bis 18 Millimeter (Männchen) lange Große Wollbiene mit ihrer schwarz-gelb gestreiften Färbung eher wie eine große Wespe oder Hornisse aus. Ihre Gestalt ist jedoch eindeutig bienenförmig. Sie fliegt von Anfang Juni bis September und kommt in dieser Zeit als besonders attraktiver Gast selbst in städtische Insektenhotels. In der Wahl ihrer Niströhren ist sie relativ unkritisch, der Gangdurchmesser muss lediglich zu ihrer Größe passen. Die große Wollbiene kleidet die Brutzellen mit

Pflanzenhärchen aus, die sie etwa von Löwenmäulchen- oder Brombeerpflanzen abschabt. Als Zellverschluss verwendet sie kleine Steinchen.

Auch ihre Larven leben in mit Proviant bestückten Nistkammern, wo sie im Kokon überwintern und im Frühjahr zum flugfähigen Vollinsekt heranreifen. Anders als bei den meisten Wildbienen fliegen bei der Großen Wollbiene zuerst die Weibchen aus. Die Männchen zeigen auf ihren Futterpflanzen aus der Familie der Lippen-, Rachen- und Schmetterlingsblütler ein interessantes Revierverhalten. Sie attackieren Geschlechtsgenossen und Nahrungskonkurrenten wie Schwebfliegen, andere Bienen und selbst deutlich größere Hummeln, indem sie diese mit ihrem nach vorn gekrümmten, dornenbewehrten Hinterleib angreifen.

Die Frühlings-Pelzbiene (*Anthophora plumipes*)

Die etwa 14 Millimeter große, plump wirkende Pelzbiene ähnelt sitzend eher einer kleineren Hummel. Das kolibrihafte, recht schnelle und ruckartige Flugverhalten der mit einem

grauen Pelz überzogenen, dunklen Frühlings-Pelzbiene unterscheidet diese jedoch deutlich von den weit weniger schnittig fliegenden Hummeln. Lieblingsnistplatz der Frühlings-Pelzbiene sind Lehmwände. Im Insektenhotel nimmt sie deshalb gern das Fach mit dem Lehmblock an, wobei sie sowohl vorgebohrte Löcher nutzt als auch selbst Gänge (inklusive Seitengänge) anlegt. Wenn sie den Nistplatz inspiziert, steht sie oft sekundenlang im Schwebflug an einer Stelle, um dann immer wieder ruckartig die Position zu wechseln.

Ihre Larven reifen noch im Sommerhalbjahr zum fertigen Insekt, bleiben aber den ganzen Winter über in ihrer mit einem wachsartigen Sekret ausgekleideten Brutzelle, um dann ähnlich früh und lang wie die Rote Mauerbiene auszufliegen (in der Zeit von März bis Juni) und für die nächste Generation zu sorgen. Die Paarung ist stürmisch, kurz, beginnt im Flug und endet oft in einem meist problemlosen gemeinsamen Absturz.

Die Blaue Holzbiene (*Xylocopa violacea*)

Die 20 bis 23 Millimeter, manchmal sogar bis 28 Millimeter große hummelförmige Blaue Holzbiene besticht durch eine schillernd blaue Färbung. Sie ist die größte heimische Wildbiene und scheint durch die Klimaerwärmung bei uns sogar etwas häufiger vorzukommen. In klassische Insektenhotels zieht sie aber praktisch nie. Sie nagt ihre 15 Millimeter brei-

ten, mit Seitengängen ausgestatteten Nistgänge in aufrecht stehende, mindestens 20 Zentimeter Durchmesser aufweisende morsche Totholzstämme, vorzugsweise von Obstgehölzen. Steht Ihr

Insektenhotel auf einem entsprechenden Stamm, könnten dort mit etwas Glück durchaus Holzbienen als Untermieter einziehen. Ihre Brutzellen legt die Holzbiene nur in den Seitengängen an, die sie nach Ei- und Proviantanlage mit Holzspänen verschließt. Der Ausgang des Hauptganges bleibt offen. Nachdem sie mit Nestbau, Paarung und Eiablage ab April ihre Fortpflanzungspflicht erfüllt hat, stirbt die Elterngeneration bis August. Die Jungen verlassen aber noch im gleichen Jahr das Nest, weshalb Blaue Holzbienen bis weit in den

Herbst hinein zu beobachten sind. Die fertigen Insekten überwintern einzeln oder in Gruppen in geschützten Verstecken und starten dann im nächsten Frühjahr den neuen Fortpflanzungszyklus.

Hummeln (*Bombus*-Arten)

Obwohl sie in klassische Insektenhotels nicht einkehren, sollen sie hier dennoch kurz abgehandelt werden. Hummeln

zählen ebenfalls zu den Wildbienen, sind aber im Gegensatz zu den bisher besprochenen Arten Staaten bildend. Je nach Art gibt es neben der Königin eine unterschiedliche Anzahl von Arbeiterinnen. In Mitteleuropa werden 36 verschiedene Hummelarten gezählt, die überwiegend in bodennahen Höhlen, gern in Mäuselöchern, ihre Kolonien bilden. Für Hummeln gibt es spezielle Hummelkästen oder Hummelburgen, die Sie im Handel erwerben oder einfach selbst bauen können (siehe „Literaturempfehlungen und Links", Seite 137 ff.). Ob dann allerdings im Frühjahr eine Königin Ihren Kasten findet und dort ein Volk gründet, ist reine Glückssache und weit weniger wahrscheinlich, als dass Ihr Insektenhotel Besuch bekommt. In einem insektenfreundlichen Garten mit verwitternden Holzstößen, Reisighaufen und vielleicht auch ein paar Mäuselöchern, stehen die Chancen für eine spontane Hummelansiedlung aber nicht schlecht. Hummeln können zwar stechen, tun dies aber höchst selten, sodass man sie selbst in der

Nähe eines Kinderspielplatzes dulden kann. Allerdings sollte Kindern beigebracht werden, ihr Nest zu respektieren und es möglichst nicht anzufassen, sonst können auch Hummeln zum Verteidigungsangriff übergehen. Wenn der Klügere nachgibt, beruhigt sich die Lage aber schnell wieder.

Einmal bezogen, herrscht am Hummelnest das ganze Sommerhalbjahr über reger Flugverkehr. Im Herbst stirbt der gesamte Staat. Lediglich befruchtete Königinnen überwintern eingegraben im Boden und sorgen dann im nächsten Jahr für den Fortbestand der Art.

Insektenhotels – Für Balkon, Terrasse und Kleingarten

Wespen

Ist von Wespen die Rede, denken die meisten an die gelb-schwarz gestreiften, aufdringlichen Gesellen, die in Sommer und Herbst unseren Gartentisch, insbesondere wenn es Zwetschgenkuchen und andere Leckereien gibt, umschwirren und überall mitnaschen wollen. Dabei handelt es sich aber fast ausschließlich um die Gemeine Wespe (*Vespula vulgaris*) und die Deutsche Wespe (*Vespula germanica*), die zwei häu-figsten von rund 100 Faltenwespenarten (*Vespidae*), die in Mitteleuropa heimisch sind. Diese beiden Staaten bildenden Wespenarten wachsen im Sommerhalbjahr in Gemeinschaften von mehreren Tausend Mitgliedern heran und bauen Nester, die kürbisgroß sein können. In einem Insektenhotel sind ih-nen ebenso wie den Hornissen die Räumlichkeiten zu klein, sodass Sie ihren Einzug nicht befürchten müssen. Eher neh-men sie einen Starennistkasten in Beschlag oder lassen sich im Schuppengebälk nieder.

Auch wenn sie auf den ersten Blick der Gemeinen oder der Deutschen Wespe ähneln mögen, sind Faltenwespen als An-wärter auf Ihr Insektenhotel vergleichsweise friedlich und kaum lästig. Sie leben entweder solitär oder in kleinen Staa-ten mit oft unter 30 Mitgliedern. Im Unterschied zu Honig- und Wildbienen, leben die meisten Wespenarten räuberisch und spielen als Schadinsekten-Fresser durchaus eine nütz-liche Rolle.

Die Haus-Feldwespe (*Polistes dominula*)

Lässt sich in einer größeren Räumlichkeit des Insektenhotels wie etwa der Dunkelkammer (siehe „Ein größeres Dunkelzimmer für Kleinstaatenbildner oder Schmetterlinge", Seite 58)

 oder auch unter dem Dachvorsprung eine mehrere Mitglieder umfassende Wespenfamilie nieder, handelt es sich meist um die Haus-Feldwespe, oft auch „Französische" oder „Gallische Feldwespe" genannt. Das typisch wespenartig gelb-schwarz gezeichnete Insekt fällt im Flug im Unterschied zur Gemeinen und Deutschen Wespe durch seine herabhängenden Hinterbeine auf. Königinnen dieser Art werden bis zu 18 Millimeter groß, Arbeiter und Männchen 12 bis 16 Millimeter. Die Kolonie wird von einer Königin allein oder mit Unterstützung weiterer Königinnen gegründet, die dann aber zu Arbeiterinnen degradiert werden. Das an einem Stiel aufgehängte kleine Wabennest wächst mit der Anzahl der Mitglieder, die selten 30 übersteigt. Die Haus-Feldwespe fliegt von April bis Oktober und ernährt sich von Blütennektar sowie räuberisch von kleinen Insekten und Spinnen. Im Herbst gehen die jungen Königinnen und die Männchen auf Hochzeitsflug. Die befruchteten Königinnen überwintern – manchmal zu mehreren –, um im nächsten Frühjahr eine neue Kolonie zu gründen. Der Rest des Volkes stirbt im Herbst. Im Gegensatz zur Kleinstaaten bildenden Haus-Feldwespe, leben alle weiteren hier beschriebenen Wespenarten solitär.

Die Lehmwespe (*Symmorphus bifasciatus*)

Die Bezeichnung „Lehmwespen" steht für eine Reihe von solitären Faltenwespen (*Eumeniae*), die zum Teil unterschiedlichen Gattungen angehören. Ihnen gemeinsam ist, dass sie ihre Nistgelegenheiten aus Lehm bauen oder Gangnisthilfen ähnlich wie Mauerbienen mit Lehm zumauern. Als Proviant für ihren Nachwuchs deponieren sie zumeist mit einem Stich gelähmte Insektenlarven.

Im Insektenhotel findet sich von den Lehmwespen vor allem *Symmorphus bifasciatus* ein. Obwohl sie die häufigste Art der Gattung Symmorphus ist, verfügt sie über keinen speziellen

 deutschen Namen. Das 7 bis 11 Millimeter große, schwarzgelbe Insekt fliegt von Anfang Mai bis Ende September und nimmt im Insektenhotel gern Bohrlöcher und hohle Stängel beziehungsweise Bambusröhrchen mit einem Durchmesser von 4 bis 5 Millimetern an. Ihre Larven versorgt die Mutterwespe mit Blattkäferlarven, die sie mit einem Stich lähmt und in die Nistzellen einbringt. Zellwände und Abschlusspfropf baut die Einzelkämpferin aus Lehm.

Die Blattlaus-Grabwespe (*Pemphredon lethifer*)

Aus der umfangreichen Familie der Grabwespen ist die 6 bis 9 Millimeter große schwarze Blattlaus-Grabwespe ein exemplarischer Gast im Insektenhotel. Auf den ersten Blick wirkt sie wie eine geflügelte Ameise. Natürlicherweise in Fraßgängen kleiner Käfer, morschem Holz, hohlen Pflanzenstängeln und von anderen Insekten erzeugten Pflanzengallen (kugelförmige Geschwulste an Pflanzen) nistend, nimmt die von Mai bis September fliegende Art gern auch unterschiedliche Niströhrenangebote eines Insektenhotels an. In den Gängen legt sie 6 bis 12, gelegentlich auch mehr Nistzellen an, die sie

als Proviant für ihren Nachwuchs namensgebend mit jeweils mehr als 50 Blattläusen bestückt. Die Larve schlüpft wenige Tage nach der Eiablage, verzehrt innerhalb einer Woche ihren Proviant und überwintert als Ruhelarve. Manchmal verpuppt sie sich aber auch im Geburtssommer und sorgt dann im gleichen Jahr für eine zweite fliegende Generation.

Eine ähnlich aussehende, im Insektenhotel anzutreffende Grabwespe ist Psenulus fuscipennis, für die es ebenfalls keine spezifizierende deutsche Bezeichnung gibt. Das 6 bis 8 Millimeter lange Insekt nimmt bevorzugt Niströhren mit einem Durchmesser von 3,5 bis 6 Millimetern an und fliegt von Ende Juni bis September. Die Wespe ist ein auf Röhrenblattläuse spezialisierter Jäger, die sie als Proviant für ihren Nachwuchs in den Nistzellen deponiert.

Die Kleine Silbermundwespe (*Lestica clypeata*)

Ebenfalls zu den Grabwespen wird die solitär lebende Kleine Silbermundwespe gezählt. Die 9 bis 12 Millimeter großen Weibchen und die etwas kleineren Männchen sind in typi-

scher Wespenmanier gelb-schwarz gestreift. Diese ursprünglich in Totholz nistende Wespenart nimmt auch mit üblichen

Gangnisthilfen des Insektenhotels Vorlieb. Sie fliegt von
Mitte Mai bis Mitte August,
sofern sich gelegentlich eine
zweite Generation etabliert,
auch länger. Als Proviant für
den Nachwuchs schleppt sie
Kleinschmetterlinge heran, deren Raupen gefürchtete Wur-
zelschädlinge sind. Wie viele andere Wespenarten, sorgt damit auch die Kleine Silbermundwespe für biologischen Pflan-
zenschutz.

Kuckucksbienen und andere parasitäre Insekten

Während die beschriebenen Wildbienen und Wespen im Insektenhotel brav ihre eigenen Nester anlegen und versorgen, gibt es auch Artgenossen, die das Hotel besuchen, um die gemachten Nester anderer Bienen und Wespen auszuräubern. Dabei werden von ihrem Nachwuchs meist nicht nur die Proviantlager, sondern auch die Eier und Larven der Wirtsinsekten verspeist. Das darf man ihnen jedoch nicht übel nehmen. Sie folgen nur ihrer biologischen Veranlagung und bieten uns Beobachtern durchaus eine Bereicherung. In Anlehnung an den bekannten parasitär lebenden Vogel, werden diese parasitären Bienen und Wespen „Kuckucksbienen" und „Kuckuckswespen" genannt. Daneben gibt es aber auch noch andere Diebe und Räuber, die sich im Insektenhotel an fremdem Besitz bereichern (siehe das Kapitel „Und nun zu den Untermietern ...", Seite 123 ff.). Es kommt deshalb oft vor, dass aus einem Nistgang des Insektenhotels am Ende ein ganz anderes Insekt als das erwartete schlüpft.

Die Weißfleckige Düsterbiene (*Stelis ornatula*)

Diese parasitär lebende 5 bis 8 Millimeter große Kuckucksbiene fliegt von Mai bis Juli. Am seitlichen Hinterleib hat das schwarze Insekt mehrere weißliche Flecken, die beim Männchen manchmal fehlen. Am Insektenhotel kann sie auftauchen, sobald die Blaue Mauerbiene mit der Eiablage beginnt. Die Düsterbiene dringt während der Abwesenheit der Mauerbiene in deren noch nicht vollendete Brutzelle ein und versteckt zwischen dem bereits abgelegten Proviant der Mauerbiene ein eigenes Ei. Die Larve der Düsterbiene schlüpft vor

der ihres Wirts, saugt deren Ei beziehungsweise Larve aus und frisst den vom Wirt eingetragenen Proviant. Sie überwintert als Larve und entwickelt sich im nächsten Frühjahr zum fertigen Insekt, das ausfliegt, sich paart und seinerseits Mauerbienennester sucht, um die parasitäre Lebensweise seiner Art fortzusetzen.

In Deutschland leben noch neun weitere Düsterbienenarten von 3 bis 12 Millimetern Größe, die allesamt ein ähnliches Kuckucksdasein führen und sich auf unterschiedliche Wildbienenarten spezialisiert haben.

Die Kegelbienen (*Coelioxys*-Arten)

Kegelbienen sind parasitär lebende Verwandte der Blattschneiderbienen und bedienen sich primär in deren

Nistgängen. Sie haben notfalls aber auch die Nester von Pelzbienen und Mauerbienen im Visier. Ihren Namen verdanken die Kegelbienen ihrem schwarzen, spitz zulaufenden, kegelförmigen Hinterleib mit weißen oder gelben Streifen. In Deutschland gibt es zwölf Arten, deren Größe von 7 bis 16 Millimetern

reicht. Aus dem im Wirtsnest abgelegten Eiern schlüpft nach etwa drei Tagen eine Larve, die erst den Proviant und anschließend die Larve des Wirts frisst. Gelegentlich legen mehrere Kegelbienen ein Ei im gleichen Nest ab, sodass sich nach dem Schlüpfen entsprechend viele Kegelbienenlarven in einer Zelle befinden. Dann fressen sich die Larven auch gegenseitig auf, sodass immer nur eine Larve pro Wirtszelle übrig bleibt. Diese spinnt sich etwa zwei Wochen nach dem Schlüpfen in einen Kokon ein und überwintert als Ruhelarve, die sich im nächsten Frühjahr zum fertigen Insekt entwickelt. Kegelbienen fliegen je nach Art von Mai bis September, in dieser Zeit richten sie ihren Zyklus nach dem des Wirts aus.

Die Keulhornwespen (*Sapyga*-Arten)

Keulhorn- oder auch Keulenwespen heißen so, weil sich ihre Fühler zur Spitze hin keulenartig verdicken. Die wohl häufigste

Keulhornwespenart am Insektenhotel ist *Sapyga clavicornis*. Die Weibchen dieses schlanken, gelb-schwarz gezeichneten Insektes werden 7,5 bis 12 Millimeter groß und die Männchen haben eine Größe von 8 bis 10 Millimetern. Die Weibchen legen ihre Eier bevorzugt in Nistzellen der Hahnenfuß-Scherenbiene, aber auch an Brutröhren der Roten Mauerbiene wird sie gesehen. Männchen und Weibchen treffen sich an den Nistgängen ihrer Wirte und paaren sich dort. Oft lauern dann mehrere Weibchen am gleichen Loch und warten auf eine günstige Gelegenheit, um ihrem Wirt ein Kuckucksei unterzuschieben. Pro Nistzelle überlebt dann allerdings nur eine Keulhornwespenlarve, zumal die zuerst geschlüpfte erst die Eier ihrer Artgenossen frisst, um sich dann über das Ei beziehungsweise die Larve sowie den Proviant des Wirtes herzumachen. *Sapyga clavicornis* fliegt von Anfang Mai bis Ende Juli. Ihre Larven verpuppen sich und überwintern in der Brutzelle des Wirtes als fertiges Insekt. Eine weitere, ähnlich lebende Keulhornwespenart, die an Ihrem Insektenhotel auftauchen kann, ist *Sapyga quinquepunctata*, die sich vor allem durch ihren teilweise rot gefärbten Hinterleib von ihrer Schwester unterscheidet. Sie sucht bevorzugt das Nest der Blauen Mauerbiene auf, greift notfalls aber auch auf Nester anderer Solitärbienen zurück.

Die Schmalbauchwespen (*Gasteruption*-Arten)

Die den Schlupfwespen ähnelnden Schmalbauchwespen sind in Deutschland mit 16 Arten höchst unterschiedlicher Größe vertreten. Sie sind überwiegend dunkel gefärbt, wobei der Hinterleib oft rote Anteile aufweist. Die Weibchen der schmalen, lang gestreckten und hochbeinigen Tiere tra-

gen typischerweise einen langen Legestachel. Sämtliche Schmalbauchwespen nutzen parasitär die Nistgänge verschiedener Wildbienenarten. Die Chancen, an Ihrem Insektenhotel der einen oder anderen Schmalbauchwespe zwischen Mai und September zu begegnen, stehen also gut.

Ist der Nistgang eines Wirts bereits verschlossen, schaffen es einige Schmalbauchwespenarten, den Deckel mit ihrem Legestachel zu durchbohren, um so ihr eigenes Ei abzulegen. Nach dem Schlüpfen macht sich die Larve in schon bekannter Manier über Ei oder Larve des Wirts sowie über deren Proviant her. Manchmal räubert eine Schmalbauchwespenlarve gleich mehrere Nistkammern des Wirts aus. Sie verpuppt sich in einer Bienenzelle und überwintert dort.

Die Erzwespen (*Chalcidoidea*-Arten)

Die ebenfalls mit den Schlupfwespen verwandten Erzwespen verdanken den Namen ihrem metallisch glänzenden Körper. Die meisten Vertreter dieser auch in Mitteleuropa sehr arten-

reichen Familie sind unter 5 Millimeter groß, und manche erreichen nicht einmal eine Körpergröße von 1 Millimeter, weshalb sie oft übersehen oder als „Mücken" verkannt werden. Aufmerksamen Beobachtern fallen aber im Frühsommer immer wieder ameisengroße Vertreter dieser Familie auf, wie sie von Wildbienen bezogene Brutzellen inspizieren.

Ein außergewöhnliches Fortpflanzungsverhalten zeigt dabei die Erzwespe *Melittobia acasta*. Weibchen dieser gut 1 Millimeter großen parasitären Wespe lassen sich gern von einer Wirtsbiene in der Niströhre einschließen. Dann suchen sie nach einer möglichst großen oder bereits frisch verpuppten Larve, lähmen diese mit einem Stich und legen 10 bis

30 unbefruchtete Eier auf dem Opfer ab. Aus diesen Eiern schlüpfen Larven, die ausnahmslos zu flügellosen Männchen werden. Diese führen nun untereinander zum Teil tödliche Kämpfe um das Privileg, sich mit ihrer Mutter zu paaren. Nach der Paarung legt diese im Verlauf von drei Monaten bis zu 3000 weitere Eier ab. Die daraus schlüpfenden, ausnahmslos weiblichen Larven fressen die gelähmte Wirtslarve und dringen auf Futtersuche auch in bislang noch unversehrte Brutzellen des Wirtes vor. Die vermehrungsfreudige Erzwespe kann auf die beschriebene Weise in einem Sommerhalbjahr über drei Generation hervorbringen und im Extremfall den gesamten Mauerbienenbestand eines Insektenhotels auslöschen. Meistens bleiben aber genug Wirtsbienen übrig, um ihren Fortbestand permanent aufrechtzuerhalten. Versuche, zugunsten der Mauerbienen rettend einzugreifen, schaden in der Regel mehr, als sie nützen.

Die Goldwespen (*Chrysis*-Arten)

Goldwespen sind ausgesprochen schöne Insekten, die durch ihr bunt glänzendes Äußeres auffallen und deshalb manchmal mit der Farbenpracht eines Eisvogels verglichen werden. Verschiedenen Quellen zufolge wird in Mitteleuropa von

60 bis 120 oft schwer unterscheidbaren Arten ausgegangen. Ihre Größe liegt überwiegend in einem Bereich von 5 bis 10 Millimetern. Je nach Art schmarotzen sie auf bereits beschriebene

Weise sowohl bei solitären Wildbienen als auch bei solitären Wespen.

Wohl häufigste am Insektenhotel anzutreffende Arten sind die Gemeine Goldwespe (*Chrysis ignita*) und die Blaugrünrote Goldwespe (*Chrysis fulgida*). Beide ziert ein blaugrünes Kopf-Brust-Segment, während der Hinterleib bei der Gemeinen Goldwespe rötlich-magentafarbig und bei der Blaugrünroten Goldwespe blaugrünrötlich glänzt. Beide Arten, die oft nur schwer auseinanderzuhalten sind, parasitieren bevorzugt unterschiedliche Lehmwespen. Dabei verzehren ihre Larven die Wirtslarven sowie deren Proviant. Ob diese von April bis September fliegenden Goldwespen ein oder zwei Generationen pro Jahr entwickeln, hängt vom Brutverhalten der Wirtstiere ab.

Der Trauerschweber (*Anthrax anthrax*)

Schweber sind in Deutschland mit 34 Arten vertreten und zählen als Zweiflügler zur Unterordnung der Fliegen. Während sich die erwachsenen Insekten bienenartig von Nektar ernähren, parasitieren die Larven unterschiedlichste Insekten. Am Insektenhotel findet sich gern der Trauerschweber Anthrax anthrax ein. Die 7 bis 13 Millimeter große dunkle Flie-

ge steht schwebfliegengleich wie ein Kolibri in der Luft vor den Nistgängen der Mauerbienen und schleudert dann ihre Eier mit einer schnellen Bewegung des Hinterleibs in den Nistgang. Nach dem

Schlüpfen sucht sich die Larve eine noch offene Brutzelle ihres Wirtes und wartet darauf, dass dieser sein Nest verschließt. Gemeinsam mit der Wirtslarve verspeist die Trauerschweberlarve den gesamten Proviant, um sich dann von der sich verpuppenden Mauerbienenlarve mit einspinnen zu lassen. Jetzt endet die stiefgeschwisterliche Beziehung für die Wirtslarve tragisch. Sie wird im Verlauf einiger Tage von der Trauerschweberlarve komplett ausgesaugt. Der Schmarotzer verpuppt sich anschließend seinerseits und reift zum fertigen Insekt. Als solches könnte es aber den stabilen Lehmdeckel des Mauerbienennestes nicht öffnen. Darum hat die Natur die hoch bewegliche Puppe mit einem dornenartigen Fräswerkzeug am Kopfende ausgestattet. Damit arbeitet sie sich bis zur Hälfte ins Freie, um dann aufzuplatzen und den fertigen Trauerschweber zu entlassen. Die zurückgelassenen, halb in den Nistgängen der Mauerbienen steckende Puppenhülle mit ihrer Dornenfräse zeigt auch dem interessierten Beobachter, der das Schlüpfen nicht beobachten konnte, dass in diesem Nistgang ein Trauerschweber herangewachsen ist.

Die Taufliege (*Cacoxenus indagator*)

Dort, wo die Rote Mauerbiene nistet, ist oft auch die Frucht- oder Taufliege *Cacoxenus indagator* nicht weit. Die im Deutschen namenlosen Verwandten der bekannten Obstfliege *Drosophila melanogaster*, die im Sommer in der Küche zur lästigen, aber harmlosen Plage werden kann, tauchen am Insektenhotel auf, sobald die Rote Mauerbiene mit dem Nestbau beginnt. Immer wenn die Biene auf Futterflug ist, kriecht die parasitäre Fruchtfliege in eine noch offene Nistzelle und legt dort zwei bis vier Eier ab. Nachdem die jungen Mauerbienen- und Taufliegenlarven geschlüpft sind, müssen sie sich den von der alten Mauerbiene eingebrachten Proviant teilen. Da damit für die Mauerbienenlarve weniger Vorrat als geplant

 zur Verfügung steht, entwickeln sich mit solchen „Stiefgeschwistern" geschlagene Exemplare weniger gut und sind dann auch als fertige Mauerbienen auffallend klein. Sind zu viele Taufliegenlarven im Mauerbienennest, kann es passieren, dass die Mauerbienenlarven verhungern.

Die parasitären Taufliegenlarven nagen sich durch die Zellenwände in Richtung Ausgang und überwintern in der letzten Mauerbienenzelle. Im nächsten Frühjahr verpuppen sie sich und wandeln sich zu fertigen Fliegen. Vor der Verpuppung hat eine Larve noch ein kleines Loch in den von der Mauerbiene angelegten Verschluss genagt, durch das die fertigen Fruchtfliegen die Niströhre verlassen. An diesem kleinen Loch können Sie den Fruchtfliegenbefall einer Brutzelle erkennen, manchmal auch durch nach außen drängende typische Kotschnurknäuel der Fliegenlarven. Notfalls nimmt diese auf Rote Mauerbienen geeichte parasitäre Taufliege auch mit der Gehörnten Mauerbiene vorlieb.

Die Ölkäfer (*Meloidae*-Arten)

Die Familie der Ölkäfer ist in Mitteleuropa mit 37 Arten vertreten, die aber zum Teil sehr selten sind. Alle Ölkäfer parasitieren im Larvenstadium andere Insekten und einige haben es auch auf Solitärbienen abgesehen, die häufiger Gast im Insektenhotel sind. Deshalb können durchaus auch Ölkäfer in diese Herberge einziehen.

Eine der bekannteren Ölkäferarten ist der gedrungene, 11 bis 35 Millimeter große Schwarzblaue Ölkäfer (*Meloe proscarabaeus*). Da seine Deckflügel verkürzt sind, fehlt ihm die typische halbkugelige Käfergestalt. Er ist daher auch unter der Bezeichnung „Maiwurm" bekannt.

Wie die meisten solitäre Bienen heimsuchenden Ölkäfer legt auch der Schwarzblaue Ölkäfer seine Eier nicht direkt in oder an den Brutzellen der Bienen ab, sondern irgendwo am Boden. Die frisch geschlüpften Larven erklimmen Blütenkelche, klammern sich an eine Blütenstaub naschende Solitär-

biene und lassen sich von dieser in ihr Nest tragen. Dort angekommen, ernährt sich die Ölkäferlarve von den Bienenlarven sowie von deren Proviant und verwandelt sich über mehrere Larvenstadien zum fertigen Käfer. Bei der Auswahl ihrer Opfer sind die Larven nicht sonderlich wählerisch, und manchmal erwischt es sogar eine Kuckucksbiene beziehungsweise deren Nachwuchs.

Ihren Namen haben Ölkäfer von der Eigenschaft, bei Gefahr ein giftiges, unangenehm schmeckendes, ölartiges Sekret abzusondern. Dieses enthält Cantharidin, das in der Alternativmedizin zur Herstellung von Canthariden-Pflastern dient. Diese finden etwa bei rheumatischen Erkrankungen als „unblutiges Ausleitungsverfahren" Anwendung. Viele kennen Cantharidin aber unter der Bezeichnung „Spanische Fliege" als aphrodisierendes Mittel. Dabei ist die Spanische Fliege wiederum nur eine südliche Ölkäferart, die offensichtlich über ein besonders cantharidinhaltiges Abwehrsekret verfügt.

Und nun zu den Untermietern ...

Neben den besprochenen Hauptmietern bietet ein Insektenhotel, vor allem wenn es unter anderem über Stroh-, Nadel-
baumzapfen-, Holzspan- und Dunkelkammern (siehe „Ein
größeres Dunkelzimmer für Kleinstaatenbildner oder Schmetterlinge", Seite 58) verfügt, auch zahlreichen weiteren Insekten eine dauerhafte oder vorübergehende Unterkunft. Diese
beleben das Insektenhotel auch dann sichtbar, wenn die
Wildbienen und solitären Wespen ihre Nistarbeiten beendet
haben und die Larven in ihren Kammern den Augen des Beobachters bis zum Ausfliegen des fertigen Insektes im nächsten Frühjahr verborgen bleiben.

Die Marienkäfer (*Coccinellidae*-Arten)

In Insektenhotelkammern mit Nadelbaumzapfen oder locker
eingefülltem Stroh beziehungsweise Heu fühlen sich unter
anderem Marienkäfer wohl. Von ihnen gibt es allein in
Deutschland etwa 70 verschiedene Arten, die einander in

Größe, Farbe und Punktzahl
auf den Deckflügeln unterscheiden. Marienkäfer su-
chen Ihr Insektenhotel im
Sommer als Wetterschutz
und im Winter als Durch-
schlafstube auf. Die meisten
heimischen Marienkäfer und ihre Larven sind fleißige Vertil-
ger von Blattläusen sowie Spinnmilben und in dieser Funktion hoch geschätzt. Noch fleißiger in der Blattlausvernich-

tung als heimische Marienkäfer soll der Asiatische Marienkäfer (*Harmonia axyridis*) sein, den man deshalb als „biologisches Schädlingsbekämpfungsmittel" importiert und freigelassen hat. Ob diese Idee so gut war, wird jedoch heute angezweifelt, zumal die vermehrungsfreudigeren und widerstandsfähigeren asiatischen Marienkäfer heimischen Arten das Leben schwerer machen und oft sogar deren Nachwuchs fressen. Der Asiatische Marienkäfer wird auch Harlekin-Marienkäfer genannt, was auf seine sehr unterschiedliche Färbung innerhalb der gleichen Art verweist.

Die Florfliegen und die Haften (*Neuroptera*-Arten)

Florfliegen und Haften gehören zwar beide zur Ordnung der Netzflügler (*Neuroptera*), teilen sich dann aber trotz teilweise

großer Ähnlichkeiten in Aussehen und Verhalten in zwei eigenständige Familien auf. Die bekannteste Florfliege ist die grün gefärbte Gemeine Florfliege (*Chrysoperla carnea*) und die für Ihr Insektenhotel relevante prominenteste Hafte ist die bräunliche Gefleckte Taghafte (*Micromus variegatus*). Die Spannweite der in Ruhe dachartig am Körper angelegten, zart geäderten sowie florartig durchscheinenden Flügel beträgt 25 bis 30 Millimeter. Bei beiden Arten sind sowohl das Vollinsekt und mehr noch die Larven eifrige Blattlausjäger. Larven von Florfliegen und Haften werden deshalb umgangssprachlich oft auch als „Blattlauslöwen" bezeichnet. Im Insektenhotel besetzen die erwachsenen Tiere beider Arten die gleichen Zimmer wie Marienkäfer sowohl als Ruheort als auch zum Überwintern. Im Herbst nehmen die grünen Gemeinen Florfliegen eine bräunliche Färbung an und werden dann von Laien oft als eigene Art oder als Gefleckte Taghafte (*Micromus variegtus*) verkannt. Haften und Florfliegen bewegen sich langsam, wenig schnittig und dabei doch so „feenhaft", was ihr Flugbild charakteristisch von dem vieler anderer Insekten abgrenzt. Finden sich die auffällig gestielten Eier einer Florfliege auf einer von Blattläusen befallenen Pflanze, geht es den kleinen Parasiten bald an den Kragen. Florfliegenlarven spießen die Häute ihrer Opfer auf ihre Rückenborsten, um sich zu tarnen und zu schützen.

Die Ohrwürmer (*Dermaptera*-Arten)

Wie alle Insekten haben Ohrwürmer sechs Beine und – wie fast alle Insekten – auch Flügel. Diese sind jedoch so gut zu-

sammengeklappt, dass man sie praktisch nicht sieht, und sie werden auch äußerst selten eingesetzt. Im Insektenhotel und dort am ehesten in locker mit Stroh, Heu oder getrocknetem Laub gefüllten Kammern sind nach dem Einzug der auch als „Ohrenkneifer" bekannten Insekten meistens der bis 16 Millimeter große Gemeine Ohrwurm (*Forficula auricularia*) oder der mit rund 10 Millimetern deutlich kleinere Gebüschohrwurm (*Apterygida media*) anzutreffen. Aufgrund der Ähnlichkeit und der Tatsache, dass Ohrwürmer keine Metamorphose durchlaufen, sondern bereits als junges Tier wie ein kleines erwachsenes aussehen, ist es mit Laienblick oft schwierig, einen halbwüchsigen Gemeinen Ohrwurm von einem alten Gebüschohrwurm zu unterscheiden.

Ohrwürmer betreiben Brutpflege. Das heißt, sie bewachen ihr Nest und versorgen die Larven bis zur ersten Häutung mit Nahrung. Haben sich Ohrwürmer erst einmal in einem Insektenhotel angesiedelt, werden es oft immer mehr und Sie können schon nach kurzer Zeit verschiedene Generationen beobachten.

Ohrwürmer kriechen übrigens genauso wenig ins Ohr wie eine Schmetterlingsraupe. Und auch ihre Kneifzange ist für Menschen völlig harmlos. Sie bedienen sich ihrer aber zur Abwehr kleiner Feinde, zum Konkurrenzkampf mit Artgenossen, zur Paarung, eventuell zum Beutefang und zum seltenen Entfalten der Flügel. Neben Pflanzenkost verzehren Ohrwürmer auch Blattläuse und werden deshalb zu den Nützlingen gezählt, obwohl sie gelegentlich auch reifes Obst anknabbern.

Die Schmetterlinge (*Lepidoptera*-Arten)

Auch verschiedenste Tag- und Nachtfalter können Sie gele-

gentlich in Ihrem Insektenhotel antreffen. Sie pflanzen sich dort aber nie fort, sondern nutzen das Hotel als Wetterschutz oder zum Überwintern. Ihre bevorzugte Zimmerart ist eine Dunkelkammer mit Eingangsschlitz (siehe „Ein größeres Dunkelzimmer für Kleinstaatenbildner oder Schmetterlinge", Seite 58), der lang und breit genug sein sollte, damit die Falter ohne Verletzungsgefahr mit zusammengefalteten Flügeln hineinschlüpfen können. Manchmal werden auch Ziegel, die kleine Schlitze statt Löcher haben, von Schmetterlingen angenommen. Schmetterlinge bieten Ihnen am Insektenhotel allerdings kein dauerhaftes Schauspiel. Sie kommen und gehen eher unauffällig und bewegen sich während ihrer Anwesenheit kaum.

... und den Schädlingen Ihres Insektenhotels

Ein besetztes Insektenhotel ist naturgemäß ein Ort, an dem überdurchschnittlich viele Insekten überdurchschnittlich konstant anzutreffen sind. Das lockt nachvollziehbar auch zahlreiches Getier an, das von Insekten lebt – in erster Linie also andere, räuberische Insekten. Welches Schauspel Ihnen da manchmal geboten wird, ist spannend und dramatisch zugleich. Es ist aber nicht sinnvoll oder wünschenswert, hier schützend einzugreifen. Lassen Sie bitte der Natur ihren Lauf ... Mit einer Ausnahme, auf die im Folgenden eingegangen wird.

Überfälle von Wespen und Hornissen

Alle Insektenhotelbewohner gehören zum Beutespektrum von größeren sozialen Wespen wie etwa der Deutschen oder der Gemeinen Wespe sowie von Hornissen. Es ist also durchaus möglich, dass diese Tiere an Ihrem Hotel ein- oder mehrmals für einen kurzen Überfall vorbeischauen, sich eine Wildbiene beim Anflug auf ihre Nisthöhle schnappen, mit einem Stich lähmen oder sie mit ihren Kieferzangen zerteilen und zum Verzehr sowie zum Füttern ihres Nachwuchses mitnehmen. Für den Beobachter besteht dabei übrigens normalerweise keine Gefahr. Die gestreiften Jäger sind hier auf Insektenbeute und nicht auf Menschen fokussiert.

In verschlossene Brutzellen dringen Wespen, die sich auf Beutezug befinden, aber nicht ein. Und für Hornissen sind sie ohnehin zu eng. Solange eine bereits mit Proviant bestückte

Nisthöhle – etwa von Mauerbienen – noch offen ist, sieht man allerdings oft Wespen hineinkriechen. Ganz gefahrlos ist ein solcher Raub allerdings auch für die Räuber nicht. Denn im engen Gang sind sie einer von hinten angreifenden Mauerbiene möglicherweise unterlegen.

Die Spinnen

Spinnen wissen größere Ansammlungen von Insekten ebenfalls sehr zu schätzen. Darum legen sie ihre Netze auch gern in der Nähe von Lampen an, die nachts Fluginsekten in großer Zahl anziehen. Am Insektenhotel ist es für Spinnen aber auch nicht ganz ungefährlich. Denn dort treiben sich ebenfalls oft Schlupf- und Schmalbauchwespen herum, die wiederum bevorzugt Jagd auf Spinnen machen. Die Wahrscheinlichkeit, dass Ihr Hotel von einem Spinnennetz eingehüllt wird, ist also eher unwahrscheinlich, und deshalb sind Sie diesbezüglich auch kaum als Ordnungsmacht gefordert.

Die zerstörerische Ausnahme – der Specht

Wirklich gefährlich wird es für ein Insektenhotel eigentlich nur, wenn es ein Specht entdeckt. Und dieser Fall tritt zumindest im Garten gar nicht so selten ein. Auf der Suche nach schmackhaften Insektenlarven kann ein Specht Ihr Hotel in wenigen Stunden zerhämmern, gelockerte Bruträhren herausziehen und am Boden verstreuen. Spätestens wenn ein Specht zum zweiten Mal zugeschlagen hat, sind die kleinen Sechsbeiner auf Ihre Hilfe angewiesen. Die praktikabelste Abwehrmaßnahme ist ein großmaschiges grünes Netz, wie man es etwa zur Amselabwehr auf Kirschbäumen verwendet, das

Sie zeltartig mit einem halben Meter Abstand um das Insektenhotel herum spannen. Ein Gitter direkt am Hotel anzubringen ist oft wenig attraktiv und droht bei zu engen Maschen nicht nur den Specht, sondern auch größere Insekten fernzuhalten. Zudem wird ein solches Gitter oft zu knapp bemessen, wenn man nicht weiß, dass sich ein Grünspechtschnabel und die widerhakenbewehrte Zunge auf eine Länge von über 20 Zentimetern addieren können.

Insektenhotels verschenken

Haben Sie selbst an einem Insektenhotel und seinem „Drum-herum" Gefallen gefunden, liegt es doch nahe, die Idee wei-terzutragen. Wenn Sie also in absehbarer Zeit ein Geschenk brauchen, verschenken Sie doch einfach ein Insektenhotel; am besten vielleicht zusammen mit einem Buch zu diesem spannenden Thema (siehe „Literaturempfehlungen und Links", Seite 137 ff.). Da es Insektenhotels in unterschiedlichs-ten Preiskategorien gibt, finden sich darunter sowohl solche, die als kleine Aufmerksamkeit geeignet sind, wie auch ande-re, die sich eher für ein kostspieligeres Geschenk eignen. Und als begnadete/r Bastler/in können Sie mit einem selbst ge-bauten Insektenhotel immer punkten.

Ein Insektenhotel kommt als Geschenk immer gut an. Wer schon eines hat, freut sich meistens über ein zweites. Etwas kritisch wird es nur bei Menschen, die sich vor Insekten fürch-ten. Aber gerade ihnen helfen Sie womöglich mit einem Insektenhotel, ihre Insektenphobie zu überwinden. Denn Phobien werden auch psychotherapeutisch eher durch Desensibilisierung gelöst, während jedes Vermeidungsver-halten diese letztendlich zu erhalten droht.

Ein paar Worte zum Thema „Insektengiftallergie"

Während selbst mehrere Bienen-, Wespen-, Hummel- oder Hornissenstiche für Menschen normalerweise zwar schmerzhaft, aber harmlos sind, ist für die Insektengiftallergiker schon ein Stich durch den möglicherweise folgenden allergischen Schock eine tödliche Gefahr. Ein Insektenhotel können Sie aber selbst an einen Insektengiftallergiker ruhigen Gewissens verschenken. Wie bereits betont, können die meisten Gäste mit ihrem Stachel die menschliche Haut ohnehin nicht durchdringen, und die, die es könnten, tun es normalerweise nicht. Insektenhotelgäste fliegen keine Angriffe auf Menschen.

Stiche holt man sich meistens beim Barfußlaufen über eine Rasenfläche mit kurzstieligem Klee, auf dessen Blüten sich, völlig unabhängig davon, ob ein Insektenhotel in der Nähe ist oder nicht, viele Honigbienen tummeln. Oder Sie greifen nach einem Obst- oder sonstigen süßen Stückchen und fassen dabei versehentlich eine gerade daran naschende Wespe an. Auch hier geht von einem nahen Insektenhotel kein erhöhtes Risiko aus.

Menschen mit bekannter, ausgeprägterer Insektengiftallergie sollten jedoch für einen Schock provozierenden Zwischenfall, der durch ein Insektenhotel also keinesfalls wahrscheinlicher wird, gerüstet sein. Da nicht jederzeit ein Arzt zur Stelle ist, sollten an einer schwereren Insektengiftallergie leidende Menschen in der Bienen- und Wespensaison immer ein ärztlich verordnetes Notfallset mit einem Antihistaminikum, einem Kortisonpräparat und einer Adrenalin-Fertigspritze mit sich führen. Selbstverständlich müssen sie auch über eine adäquate Anwendungsschulung für diese Medikamente verfügen. Zudem gibt es die Möglichkeit, eine Insektengiftallergie mithilfe einer desensibilisierenden, also einer sogenannten Hyposensibilisierung zu überwinden. Dabei wird der Patient über Monate bis Jahre mit kleinsten unter die Haut injizierten Mengen des allergenen Insektengiftes schrittweise daran gewöhnt. Das Immunsystem soll dabei lernen, Insektengift wieder als das zu erkennen, was es normalerweise ist: durchaus schmerzhaft, aber harmlos.

Erst schauen, dann trinken!

Für Menschen ohne Insektengiftallergie kann ein Stich von Wespen oder Bienen höchstens dann gefährlich werden, wenn ein solches Tier verschluckt wird und der Stich von innen erfolgt. Hals und Rachen können dann bedenklich zuschwellen und es droht Atemnot bis hin zur Erstickungsgefahr. Bei einem solchen Stich ist deshalb lieber einmal zu oft als einmal zu wenig eine möglichst schnelle (not)ärztliche Konsultation angezeigt und gerechtfertigt. Als Sofortmaßnahme kann Eislutschen das Ausmaß der Schwellung reduzieren.

Stiche in den Rachen holen Sie sich ebenfalls nicht schneller oder häufiger, weil ein Insektenhotel in der Nähe steht oder hängt, sondern weil die meisten Menschen in der warmen Jahreszeit gedankenlos Süßes aus einer Getränkedose oder Flasche trinken, in die eine Gemeine Wespe oder Honigbiene – beide sind keine Insektenhotelbewohner – unbemerkt hineingekrabbelt ist. Während der Bienen-und-Wespen-Saison sollten Sie also vor jedem Schluck immer erst genau inspizieren, ob nichts Verdächtiges in Ihrem Getränk schwimmt oder krabbelt und das Behältnis nach Möglichkeit zwischen den einzelnen Schlucken stets verschließen. Trinkgläser mit Deckel und Strohhalm können hier schnell Abhilfe schaffen: Das Getränk vorsichtig einfüllen, sofort zuschrauben ... fertig! Jetzt müssen Sie nur noch den Strohhalm im Blick behalten.

Der Tipp zum Schluss: Erwarten Sie am Anfang nicht zu viel!

Jetzt sollten Sie ausreichend Basiswissen erworben haben, um ein gut florierendes Insektenhotel zu bauen. Vielleicht möchten Sie sich auch noch mehr in die Materie vertiefen und mit einem Insektenbestimmungsbuch (siehe „Literaturempfehlungen und Links", Seite 137 ff.), das weit über die hier vorgestellte Gästeliste hinausgeht, an und um Ihr Insektenhotel herum auf die Pirsch gehen. Dabei können Sie durchaus gelegentlich auf spektakuläre entomologische Raritäten stoßen.

Dem Durchschnitts-Insektenhotelier ist es aber wahrscheinlich gar nicht so wichtig, jeden Besucher seiner Herberge zu kennen. Wichtiger ist den meisten, dass sich etwas rührt in der Herberge. Und hier noch einmal der Hinweis, dass nicht das ganze Jahr über Hochbetrieb im Insektenhotel herrscht. Hauptsaison ist zweifellos im Frühjahr, wenn die neuen Mauerbienengenerationen ausfliegen, sich paaren und neue Brutzellen anlegen. Schon ab Juni und spätestens mit dem Hochsommer wird es dann ruhig in Ihrem Gästehaus. Die besetzten Nistgänge sind verschlossen und das Heranreifen der Larven entzieht sich dem Blick des Beobachters ebenso wie so manches Drama, das der Nachwuchs von Kuckucksbienen und anderen Parasiten in der winzigen Kinderstube anrichtet.

Wer etwas Geduld aufbringt und nicht nur gelegentlich einen schnellen Blick auf sein Insektenhotel wirft, wird auch nach der Hochsaison hin und wieder manche interessante Beobachtung machen. In lauen Nächten kann es sich auch lohnen, einmal mit einer Taschenlampe nach nachtaktiven Bewohnern und Besuchern des Hotels wie beispielsweise den oben genannten Florfliegen, Haften und Ohrwürmern (siehe Seite 123 ff.) zu fahnden. Zudem tut sich bis in den Herbst hinein einiges in dem Blütenmeer um das Hotel herum, sofern Sie die Tipps zur insektenfreundlichen Gestaltung Ihrer Terrasse, des Kleingarten oder auch des Balkons (siehe „Insektenfreundliche Balkon-, Terrassen- und Gartengestaltung", Seite 62 ff.) beherzigt haben.

Mit dem ersten Frost ist die Hotelsaison endgültig vorbei. Die meisten der überwiegend nur eine Saison lebenden Altinsekten sind bereits gestorben. Die wenigen Überlebenden sowie der heranreifende Nachwuchs fallen nun in eine tiefe Winterstarre und warten darauf, von den ersten wärmenden Sonnenstrahlen des nächsten Frühjahrs geweckt zu werden, um den Fortbestand ihrer Art zu sichern. Dann sollte auch in Ihrem Insektenhotel wieder Hochbetrieb herrschen. Dabei wird der Besucheransturm mit etwas Glück von Jahr zu Jahr immer heftiger und dank neu hinzukommender Arten womöglich auch immer länger anhaltend.

Literaturempfehlungen und Links

Bücher

Bellmann, Heiko: *Der neue Kosmos-Insektenführer.* 2. Auflage. Franckh-Kosmos Verlag, Stuttgart 2009

Dittrich, Reiner, und Spitzer, Jana: *Trockenmauern für den Garten. Bauanleitungen und Gestaltungsideen.* ökobuch Verlag, Staufen im Breisgau 2005

Günzel, Wolf Richard: *Das Insektenhotel. Naturschutz erleben.* Pala Verlag, Darmstadt 2007

Kern, Simone: *Mein Garten summt! Ein Platz für Bienen, Hummeln und Schmetterlinge.* Franckh-Kosmos Verlag, Stuttgart 2017

Orlow, Melanie von: *Ideenbuch Insektenhotels. 30 Nisthilfen einfach selbst gebaut.* Verlag Eugen Ulmer, Stuttgart 2013

Orlow, Melanie von: *Mein Insektenhotel. Wildbienen, Hummeln & Co. im Garten.* Verlag Eugen Ulmer, Stuttgart 2015

Scheuchl, Erwin, und Willner, Wolfgang: *Taschenlexikon der Wildbienen Mitteleuropas. Alle Arten im Portrait.* Verlag Quelle & Meyer, Wiebelsheim 2016

Schimana, Walter: *Mini-Teiche auf Balkon und Terrasse.* Verlag Gräfe und Unzer, München 2001

Stein, Siegfried: *Miniteiche & Wasserspiele. Gestalten – Bepflanzen – Pflegen.* BLV Buchverlag, München 2016

Stempel, Ulrich E.: *Gartenteiche planen, anlegen und pflegen.* Dörfler Verlag, Eggolsheim 2008

Täubner, Armin und Schmitt, Gudrun: *Nistkästen und Futterstellen rund ums Jahr. Kreative Bauten für Gartenmitbewohner.* Frech Verlag, Stuttgart 2015

Eine kleine Auswahl an Internet-Links

Bienenfreundliche Pflanzen für Balkon, Terrasse und Garten:
www.bee-careful.com, www.bmel.de

BUND e. V. Landesverbände:
www.bund.net

Folgen der nächtlichen Lichtverschmutzung für Mensch und Tier:
www.bfn.de, www.spektrum.de

Hummelkästen selbst bauen:
www.bienenhotel.de, www.hummelfreund.com

Insektenfreundliches für Garten und Balkon:
https://mecklenburg-vorpommern.nabu.de

Insektenhotel-Bauanleitungen:
www.nabu.de, www.youtube.de

Massives Bienensterben durch den Einsatz von Neonicotinoiden:
https://de.wikipedia.org

Eine topaktuelle Studie zum Insektensterben in Deutschland (Pressemitteilung vom 18. Oktober 2017):
www.nabu.de, http://journals.plos.org

Insektenfreundliche Holzlasuren für den Anstrich Ihres
Insektenhotels:
www.auroshop.de, www.osmo.de

Saatgut für Bienenweiden und Wildblumenwiesen:
www.bingenheimersaatgut.de
www.olerum.de, www.syringa-pflanzen.de

Teiche für Balkon und Garten anlegen:
https://deavita.com, www.gartenteich-ratgeber.com
*http://miniteich-ratgeber.d*e

Trockenmauer für Insekten bauen:
www.gartendialog.de, www.nabu.de

Vom Fachmann angefertigte und von NABU empfohlene
Insektenhotels:
www.insektenhotels.de, www.luxus-insektenhotel.de
www.nabu-natur-shop.de, www.vogeltreff24.de

Was Sie für Honig- und Wildbienen tun können:
www.bienenretter.de

Eine Wildblumenwiese anlegen:
www.gartenjournal.net

Wissenswertes rund um das Thema „Insektenhotels":
www.bienenhotel.de, www.insekten-hotels.de

Der Autor

Werner Stingl, geboren 1956, studierte Soziologie, Soziobiologie und Psychologie in München. Er arbeitet seit 1985 als freiberuflicher Wissenschaftsjournalist vorrangig für die medizinische Fachpresse, besitzt aber auch weitreichende Kenntnisse zur heimischen Fauna. Manchmal kann er sein primär berufliches und sein eher privates Wissensgebiet auch verbinden, z. B. wenn er über Insektengiftallergien und auf den Menschen übertragbare Erkrankungen von Tieren schreibt.

Seit 2012 betreut er ehrenamtlich die Mitgliederzeitung seines Kleingartenvereins und versucht dabei stets, seine Mitgärtner für einen naturverträglichen Gartenbau zu gewinnen. Die Zahl der Insektenhotels und Moderecken in seiner Kleingartenanlage soll signifikant angestiegen sein, seit Stingl dort nicht nur die Mistgabel, sondern auch die Schreibfeder schwingt.

Fotos: Seite: 4/5: lukas blazek/unsplash; 19: o.c.gonzalez/unsplash; 22: palauenc05/wikimedia commons; 24: aaron burden/unsplash; 38: ken treloar/unsplash; 44: tony hisgett/wikimedia commons; 69: tatiana mihaliova/shutterstock; 74: peeravit/shutterstock; 88 + 91: aaron burden/unsplash; 93: thatmacroguy/shutterstock; 96: f-cerez/shutterstock; 97: volker schnaebele/shutterstock, ivar leidus/wikimedia commons; 99: line sabroe und martin andersson/wikimedia commons; 100: vako visser/shutterstock; 101: saxifraga frits bink /freenatureimages, gideon pisanty/wikimedia commons; 102: jaques vanni/shutterstock; 103: pjt56/wikimedia commons; 104: linsey grosfield/shutterstock; 105: ian grainger/shutterstock; 106: joris egger/wikimedia commons; 108: alybaba/shutterstock; 109: afrobrazilian/wikimedia commons; 110: heinrich linse/pixelio; 111: alain c/wikimedia commons; 113: bwars.com/alchetron.com, gideon pisanty/wikimedia commons; 114: naturalis-historia.de; 115: richard bartz/wikimedia commons; 116: h. dumas/wikimedia commons; 117: alvesgaspar/wikimedia commons; 118: sarefo/wikimedia commons; 120: dick belgers/wikimedia commons; 121: arz/wikimedia commons; 122: roi.dagobert/wikimedia commons; 123: jon sullivan/wikimedia commons; 124: jeffdelonge/wikimedia commons; 125: gbohne/wikimedia commons; 126: kropsoq/wikimedia commons; 127: alexas_fotos/pixabay; 130: craig strahorn/unsplash; 134: aaron burden/unsplash;

Christian Dittrich-Opitz

Mitochondrien

Mehr Lebensenergie durch
gesunde Zellkraftwerke

KOMPAKT

HANS-NIETSCH-VERLAG

www.nietsch.de

Dr. Nina Schreiber

Ayurvedische Hausmittel

Einfach selbst herstellen aus Kräutern und Gewürzen

KOMPAKT

HANS-NIETSCH-VERLAG

www.nietsch.de